MEGA
ESTRUCTURAS

INNOVANT PUBLISHING
SC Trade Center: Av. de Les Corts Catalanes 5-7
08174, Sant Cugat del Vallès, Barcelona, España
© 2020, Innovant Publishing
© 2020, Trialtea USA, L.C.

Director general: Xavier Ferreres
Director editorial: Pablo Montañez
Producción: Xavier Clos
Diseño y maquetación: Oriol Figueras
Equipo de redacción:
Asesoramiento técnico: Cristian Rosiña,
Javier Peña, Oriol Puig, Xavier Safont
Redacción: Jordi Jové, Olga Prat
Edición y coordinación: Agnès Bosch
Edición gráfica: Emma Lladó, Javi Martínez, Oriol Figueras
Créditos fotográficos: "Pont du Garde" (©Shutterstock), "Eads Bridge
crossing Mississippi" (©Shutterstock), "Golden Gate bridge in San
Francisco" (©Shutterstock), "Dom Luis 1 Bridge, Porto" (©Shutterstock),
"Bridge Stock photo" (©Shutterstock), "Chain bridge on Danube
river in Budapest" (©Shutterstock), "Williamsburg Bridge in Brooklyn"
(©Shutterstock), "Eshima Ohashi Bridge" (©Wikimedia), "Litografia da
Ponte Vella Internacional do Miño" (©Wikimedia), "Millau Bridge from
the ground" (©Shutterstock), "Millau Viaduct, Aveyron Department"
(©Shutterstock), "Different kinds of bridges" (©University of Ljubljana),
"The Millau viaduct" (©Shutterstock), "Famous bridge over the
Tarn at Millau" (©Shutterstock), "View of Millau, on the River Tarn"
(©Shutterstock), "Millau Viaduct on white. 3D Illustration" (©Shutterstock),
"Millau Viaduct Project" (©Shutterstock), "Michael Virlogeux"
(©Wikimedia), "Norman Foster, September 14, 2005" (©Shutterstock),
"Eiffel Tower" (©Shutterstock), "Une pile en construction" (©Wikimedia),
"The construction site of Millau viaduct" (©Discovery), "Millau viaduct
Project" (©Discovery), "Coupe du tablier du viaduc de Millau"
(©Wikimedia), "Millau Viaduct Project" (©Discovery), "Millau Viaduct
project" (©Discovery), "Coupe d'un monotoron de type Freyssine"
(©Wikimedia), "Highway toll gateway in Millau" (©Shutterstock),
"Millau Viaduct project" (©Discovery), "Millau, Midi Pyrenees, France"
(©Shutterstock), "The spectacular Millau Viaduct in South France"
(©Shutterstock), "Tourist center at Millau Viaduct" (©Shutterstock),
"Jiaoxhou Bay Bridge" (©Shutterstock), "Vasco Da Gama bridge"
(©Shutterstock).

ISBN: 978-1-68165-875-9
Library of Congress: 2021933834

Impreso en Estados Unidos de América
Printed in the United States

NOTA DE LOS EDITORES:

ÍNDICE

INTRODUCCIÓN

Curiosidad, inquietud, imaginación e ingenio: el ser humano ha hecho uso de estas capacidades para evolucionar constantemente y superar, con mayor o menor dificultad, los obstáculos que ha ido encontrando a lo largo de su historia. Ha creado obras a las que parecía imposible dar forma. Y cuando parecía haber llegado a algún límite, ha roto las barreras y se ha propuesto –y alcanzado– nuevos retos. Este afán de superación se refleja en la construcción de estructuras y, en el caso que nos ocupa, por supuesto, de puentes.

El ser humano siempre ha sentido la necesidad de desplazarse de un lugar a otro y, en su avance, se ha visto en la obligación que superar todo tipo de accidentes geográficos, desde montañas abruptas hasta profundos valles, pasando por desiertos y peligrosos cursos de agua. Es probable que ya en la prehistoria se valiera de grandes piedras o troncos para alcanzar la otra orilla de los ríos. Y que en algún momento se le ocurriera la idea de una especie de pasarela, que evolucionó con el tiempo hasta dar lugar a la creación de obras más sólidas: los puentes.

Podría decirse que la ingeniería dio sus primeros pasos cuando el ser humano se percató de la posibilidad de construir elementos que le permitieran sortear una larga lista de obstáculos naturales. Del ingenio a la ingeniería, nacieron nuevas técnicas y, a lo largo de la historia de la humanidad, se multiplicaron los conocimientos. La capacidad para superar barreras que parecían infranqueables se hacía patente en el desarrollo de innovaciones cada vez más sorprendentes.

Gracias al talento de ingenieros como Thomas Telford (1757-1834), Thomas Farnolls Pritchard (1723-1777), Gustave Eiffel (1832-1923), Joseph Strauss (1870-1938) y, más recientemente, Michel Virlogeux (1946), hoy en día disfrutamos de puentes que siguen fascinándonos y que nos permiten desplazarnos o transportar mercancías, acortando distancias y tiempo. Pero a ello también contribuyeron la imaginación, las ideas peregrinas o la capacidad visionaria de mentes brillantes como la del polifacético genio renacentista Leonardo da Vinci (1452-1519), cuyos bocetos de puentes incluían el famoso puente autoportante o el puente giratorio. El legado de todos ellos y de quienes los siguieron son esas extraordinarias megaestructuras que, desafiando las leyes de la física, permiten superar acusados desniveles e incluso cruzar mares, como el puente de Akashi Kaikyō, en Japón.

En este libro descubriremos las diversas tipologías de puentes (desde el más elemental puente de arcos hasta los modernos puentes atirantados), los elementos que los conforman y el comportamiento del conjunto de la estructura y de sus partes, así como de los materiales empleados. Para ello nos centraremos en una joya de la ingeniería civil: el viaducto francés de Millau, cuya construcción concluyó en 2004, que ha merecido numerosos premios y que ocupó un lugar en el *Libro Guinness de los récords* como el puente más alto del mundo. Una auténtica maravilla.

1

TENDIENDO PUENTES

La evolución de las estructuras

A lo largo de la historia, las distintas civilizaciones han creado y perfeccionado todo tipo de construcciones destinadas a superar obstáculos orográficos. Los frutos de la ingeniería civil son visibles en todo el planeta y siguen evolucionando sin parar.

UNA HISTORIA DE CONEXIONES

Desde muy antiguo, el ser humano ha desplegado todo su ingenio con el propósito de desplazarse o de reducir la distancia entre dos lugares concretos, sorteando una larga lista de obstáculos naturales, como valles, terrenos escarpados o áreas ocupadas por agua (lagos, cursos fluviales o mares). Con el tiempo, fue ampliando sus conocimientos científicos y tecnológicos y, gracias a su imaginación, ha desarrollado técnicas, herramientas y materiales innovadores. Empezó construyendo puentes con materiales naturales, que evolucionaron en forma y composición hasta convertirse en estructuras absolutamente indispensables en cualquier vía de comunicación. Pero ¿cuál es el origen de los puentes?

El origen de los puentes corre paralelo a la eclosión de las primeras civilizaciones de Mesopotamia, cuyas técnicas de construcción son el precedente remoto de la ingeniería civil. Los primeros puentes eran muy sencillos, y estaban hechos de materiales naturales al alcance de la mano, como la piedra, la madera y la tierra. En general, se trataba de estructuras poco seguras que veían comprometida su solidez por las condiciones climáticas.

La considerada como la «primera revolución» en el levantamiento de puentes se produjo en el seno del Imperio romano. Debido a su gran extensión, precisaba de una buena red de vías de comunicación que uniera los distintos puntos del territorio. Por eso los romanos dieron pasos de gigante en lo que a abertura de caminos y construcción de puentes se refiere. En este último ámbito, introdujeron un elemento inédito, el arco. Atrás quedaban los puentes con una cubierta rellenada con madera o piedras. Llegaron así las formas arqueadas que permitían una mayor distribución de las fuerzas. De este modo, se erigieron puentes de piedra con una estructura notablemente robusta, capaz de soportar cargas con el mismo peso que el propio puente, e incluso mayor. Asimismo, se construyeron viaductos y acueductos de gran complejidad, lo que sitúa al periodo del Imperio romano como uno de los más innovadores e importantes en la historia de los puentes, en el que se sentaron las bases del futuro desarrollo de la ingeniería civil.

Durante el Imperio romano la construcción de puentes vivió una auténtica revolución, tanto en lo que se refiere a tipologías como a seguridad. El puente del Gard (hacia el siglo I), ubicado al sur de Francia, es una prueba plausible de las proezas de la ingeniería romana.

El periodo posterior a la caída del Imperio romano de Occidente (476 d.C.) no fue especialmente relevante en términos de evolución de los puentes. Tendrían que transcurrir muchos años, hasta el siglo XVIII, para que se produjera un verdadero avance. En 1716 se publicó el *Traité des ponts* del francés Hubert Gautier, considerado el primer libro de ingeniería de puentes, en el que se relata la evolución de los estudios relacionados con su construcción. En 1779 se inauguró el primer puente de la historia hecho de hierro fundido, el Iron Bridge, diseñado por Abraham Darby y tendido sobre el río Severn, en Inglaterra. La innovación en las formas y la incorporación de nuevos materiales no había hecho más que empezar. Hacia la segunda mitad del siglo xix aparecieron los primeros puentes de acero, como el Eads Bridge (1874), que cruza el Mississippi en St. Louis, Estados Unidos.

En la actualidad, la construcción de puentes ha alcanzado unas cotas increíbles. Hay edificaciones capaces de unir montañas, como el Royal Gorge Bridge, en Colorado, uno de los puentes colgantes más altos de Estados Unidos, o el impresionante puente del río Sidu, en China, de 1.222 m de largo y cuyo vano se cuenta entre los más elevados del mundo. También los hay que incluso salvan mares, como el Eshima Ohashi, en Japón, o el que une las ciudades de Hong Kong y Macao, en China.

14 A ello ha contribuido el uso de materiales muy diversos, desde diferentes clases de hierro (como el forjado, en el puente escocés de Britannia, sobre el estrecho de Menai) hasta el acero inoxidable (en el puente colgante de Tsing Ma, en Hong Kong, uno de los más extensos de este tipo), pasando por varias clases de piedra (como en el famoso puente estadounidense de Brooklyn, que combina piedra caliza, granito y cemento), o un elemento muy destacable, los cables (por ejemplo, en el puente de Akashi Kaikyō, en Japón, famoso por presentar dos cables que se hallan entre los más resistentes y pesados del mundo). Asimismo ha resultado decisivo el uso de las nuevas tecnologías y de la maquinaria moderna: el GPS, que sirve para asegurar una colocación precisa (por ejemplo, en los puentes que deben erigirse sobre cauces de agua), o la SLJ900, una máquina de 580 toneladas y casi 100 m de longitud, empleada en China para colocar vigas.

Esta evolución parece no tener fin, como ponen de manifiesto el puente que cruza la bahía de Hangzhou, en China, el King Fahd Causeway, que une Arabia Saudita y Bahréin, o la estructura que descubriremos en estas páginas: el viaducto Millau. Se trata de auténticas obras faraónicas que desafían los límites de la ingeniería.

¿CÓMO ES UN PUENTE?

Todos sabemos qué es un puente. Enseguida nos vienen a la mente los sencillos puentes románicos de arco de piedra, los de hierro (como el célebre Golden Gate de San Francisco) o las más recientes megaconstrucciones. Sin embargo, quizá nunca nos hayamos detenido a pensar cómo se construyen, de qué elementos están compuestos y cuáles son sus tipologías básicas.

Un puente es una estructura vial cuyo propósito es salvar obstáculos naturales, desde cursos fluviales, lagos o estrechos, hasta acantilados, hondonadas, fosos o valles. A grandes rasgos, un puente está constituido por dos partes bien definidas: la superestructura y la infraestructura de apoyos o subestructura. La superestructura es la zona donde incide la carga móvil –es decir, los vehículos, los trenes o los peatones–, en la que se hallan el tablero, las vigas, las aceras, los pasamanos, la capa de rodadura y otras instalaciones. Por su parte, la infraestructura de apoyos es la zona responsable de transmitir las solicitaciones –el peso propio del puente, el trenado, el viento, la fuerza de la corriente de agua, etc.– al suelo de cimentación, en la que básicamente se encuentran los estribos y las pilas. A su vez, cada una de estas partes está formada por distintos elementos.

15

CIMENTACIÓN

La cimentación es fundamental para que un puente tenga una larga vida y no presente problemas. Garantiza una buena estructura, fuerte y sólida, lo que redunda en la seguridad de los usuarios del puente en cualquier circunstancia. Para llevar a cabo la cimentación, en primer lugar es necesario hacer una limpieza del terreno donde se establecerá (por ejemplo, el desbroce); después, excavar para obtener información sobre las características del terreno y la estabilidad de las excavaciones; finalmente, llevar a cabo un hormigonado de limpieza, con el objetivo de establecer un espacio nivelado y limpio donde asentar la estructura, y rellenar las zonas de la excavación que no serán ocupadas por los elementos estructurales del puente. Cabe señalar que existen dos tipos de cimentación esenciales en la construcción de puentes: la

El Eads Bridge, diseñado por el ingeniero James Buchanan Eads y destinado a la circulación ferroviaria, cruza el río Misisipi en la localidad estadounidense de San Luis (Misuri). Su construcción terminó en 1874 y se convirtió en el puente en arco más largo del mundo, con 1.964 m de longitud.

superficial y la profunda. La diferencia radica en que la primera se realiza mediante zapatas y losas de cimentación, mientras que en las segundas se emplean pilotes o pantallas.

INFRAESTRUCTURA DE APOYOS

En los puentes, la infraestructura de apoyos es de vital importancia, porque es la responsable de transmitir las fuerzas de la superestructura a la subestructura, o de una superestructura a otra. Por tanto, los elementos de apoyo deben presentar unas características muy singulares para cumplir con la resistencia de cargas, la absorción de los movimientos, la resistencia a la intemperie y a las temperaturas extremas...

Los principales elementos que constituyen la infraestructura de un puente son los estribos y los pilares. Los estribos son los apoyos que se encuentran en los extremos del puente, responsables de transferir la carga al terreno y de sostener el relleno de los accesos. Además de ser los receptores sobre los que se ubica la superestructura, actúan como muros de contención, al recibir el empuje de los terraplenes de acceso al puente. Los estribos están constituidos por un muro frontal que soporta el tablero y por los muros-aletas, que se ocupan de la contención del terreno.

En cuanto a los pilares, se trata de elementos de apoyo intermedios de los puentes de dos o más tramos, cuya función principal es soportar la carga de la superestructura. Su diseño está pensado para resistir la acción de cualquier fenómeno de origen natural, como presiones hidráulicas o cargas de vientos, entre muchos otros.

SUPERESTRUCTURA

En la superestructura de un puente se hallan diversos elementos, con sus respectivas características y funciones. Uno de los más importantes es el tablero, el cual consiste en la base superior del puente sobre la que circulan los vehículos, trenes o peatones, por lo que soporta las cargas dinámicas. A través de las armaduras, dichas cargas dinámicas se transmiten del tablero a los estribos y pilares, y, después, a los cimientos. Encima del tablero se encuentra la carpeta de rodamiento o de desgaste, que protege la calzada del desgaste provocado por el tránsito y de la infiltración del agua de lluvia o de otros líquidos. En ciertos casos, hallamos también las juntas de expansión, que se encargan de permitir los movimientos y las rotaciones entre dos partes de una estructura. Tales juntas están constituidas por los guardacantos (que protegen sus bordes y el pavimento), los ángulos en perfiles metálicos y los sellos. El tablero descansa sobre las vigas, directamente o a través de largueros y viguetas transversales. Las vigas longitudinales son las que soportan el peso directo del tablero, mientras que las transversales cargan con las longitudinales. Sin embargo, hay puentes que carecen de vigas longitudinales, siendo las transversales, colocadas muy juntas, las que soportan el peso del tablero. Sea como sea, las vigas transmiten las cargas del tablero a los apoyos de la estructura del puente.

Existen otros elementos pertenecientes a la superestructura de un puente que únicamente se hallan en ciertos tipos, como los cables y los tirantes en los puentes colgantes. Los analizaremos más adelante.

19

ELEMENTOS SECUNDARIOS

En los puentes hay ciertos elementos considerados secundarios, en el sentido de que no llevan a cabo una función específica en el ámbito estructural de la construcción. Entre muchos otros, nos referimos a las veredas, el espacio destinado al paso de peatones, que está separado de la calzada principal mediante barandillas u otros elementos parecidos; los desagües, que posibilitan el escurrimiento de las aguas pluviales; las barandas, que delimitan la zona por la circulan los vehículos y evitan su caída al vacío a causa de un accidente, por lo que deben ser rígidas para contener los impactos; elementos de iluminación, tales como focos, farolas o lámparas, que ayudan a los conductores a visibilizar correctamente la ruta del puente por la noche o bajo condiciones climáticas adversas; señales propias de las vías destinadas al tránsito de vehículos o trenes; o los drenajes, de gran importancia porque evitan el estancamiento del agua sobre la superficie del puente.

A) **Cimentación**

B) **Infraestructura de apoyos** (estribos y pilares)

C) **Superestructura** (tablero, carpeta de rodamiento o de desgaste, juntas de expansión, vigas)

D) **Elementos secundarios** (veredas, desagües, barandas, elementos de iluminación, señalización, drenajes)

UN PUENTE PARA CADA MENESTER

Las tipologías de estructuras y sus usos

Los puentes y viaductos se construyen a partir de distintas estructuras y mecanismos de apoyo. Los materiales también varían en función de numerosos factores, como el terreno donde se ubicará el puente o al uso al que será destinado.

DIFERENTES ESTRUCTURAS PARA SUPERAR CUALQUIER OBSTÁCULO

Si nos paramos un instante a recordar los puentes que hemos cruzado o que hemos visto en imágenes a lo largo de nuestra vida, nos daremos cuenta de que pueden presentar una gran variedad de formas. La ingeniería civil contempla cinco tipos básicos, mientras que la estructura constructiva depende de numerosas variables y del uso concreto que se le quiera dar. Las variables responden a las características orográficas del enclave donde se levantará (un cauce de agua, un valle, etc.) o a sus condiciones climatológicas (si debe soportar temperaturas extremas, fuertes vientos u otros fenómenos atmosféricos de relevancia), entre otras. El uso también es importante, pues puede consistir en un simple paso de peatones, o bien afrontar el tránsito de trenes o de vehículos pesados, o incluso que reúna los tres fines. El análisis de todos estos elementos aconsejará un tipo u otro de construcción. Básicamente, lo que caracteriza a los puentes es cómo se estructuran a partir de su mecanismo de soporte.

En este sentido, podemos hablar de puentes en arco, puentes de vigas, puentes colgantes o atirantados, puentes de marco rígido y puentes de armadura.

LOS PUENTES EN ARCO

Cuando oímos o leemos la palabra *puente*, a la mayoría de nosotros probablemente nos venga a la cabeza uno en arco. Ciertamente todos conocemos puentes con esta estructura, ya sean de piedra, como el famoso Ponte Vecchio de Florencia (Italia); de hierro, como el icónico puente de don Luis I sobre el Duero, en Oporto (Portugal); de acero, como el de Wushan en Chongqing (China), con un imponente arco que cruza el río Yangtsé, o combinen acero y cemento, como los majestuosos arcos del puente de la bahía de Yaquina, al sur de Newport, en Oregón (Estados Unidos). Estos puentes se distinguen por presentar uno o varios arcos que transfieren el peso a los apoyos situados en los extremos de la luz

En los puentes en arco, este transfiere el peso a los apoyos situados en los extremos de la luz, mientras que el tablero se puede apoyar en la estructura principal o colgar de la misma.

PUENTE EN ARCO

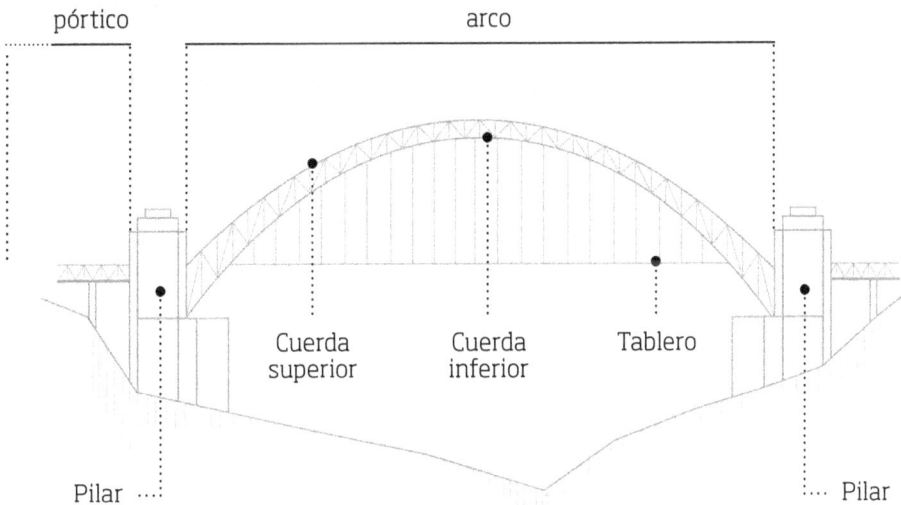

pórtico

arco

Cuerda superior

Cuerda inferior

Tablero

Pilar

Pilar

En el estudio previo a la realización de un puente en arco
se analizan todos los aspectos arquitectónicos, técnicos y
económicos que recomendarán una u otra estructura. Asimismo,
la ubicación final del tablero condicionará el tipo de construcción.

(distancia horizontal entre dos apoyos) mediante la compresión
del arco (su diseño desvía de forma natural el peso de la cubierta
del puente hacia los estribos de los extremos). El tablero puede
apoyarse en la estructura principal o colgar de esta.

Hay diferentes tipos: en arco plano, caracterizados por un
tablero siempre recto cuya carga se transmite al único arco a
través de tirantes anclados en el eje; en arco espacial, simétricos
respecto al plano longitudinal (pueden contener, por ejemplo,
dos arcos verticales) o asimétricos respecto al plano horizontal
(dotados, en algunos casos, de arcos girados o inclinados, o de
un tablero con una o varias curvas).

26 Aunque existen distintos métodos de construcción de estos
puentes, en aquellos con tableros superiores (es decir, que pasan
por encima del arco) destacan la construcción sobre cimbra, la
construcción por abatimiento y la construcción por voladizos
sucesivos atirantados con torre provisional. En el primer caso,
muy utilizado hasta finales del siglo XIX en los puentes de hormigón, se emplean cimbras fijas para el posterior hormigonado
de sus respectivas secciones. No obstante, cuando hay que cruzar
ríos especialmente caudalosos o grandes extensiones, el levantamiento con este método presenta serias dificultades y supone
un alto coste económico. En cuanto a la construcción por abatimiento, se procede a erigir verticalmente los semiarcos para después abatirlos mediante un giro alrededor de su extremo inferior
y, una vez ubicados en su posición, llevar a cabo el cierre en clave.
Finalmente, la construcción por voladizos sucesivos se basa en el
atirantamiento, desde una torre provisional, de los tramos hor-
migonados. Cuando el arco se ha cerrado, se construye el tablero
y las pilas con métodos convencionales.

Por lo que se refiere a los puentes de arco con tablero inferior,
normalmente se construye en primer lugar el tablero mediante
cimbra y después se monta el arco.

SISTEMA DE PUENTES EN ARCO

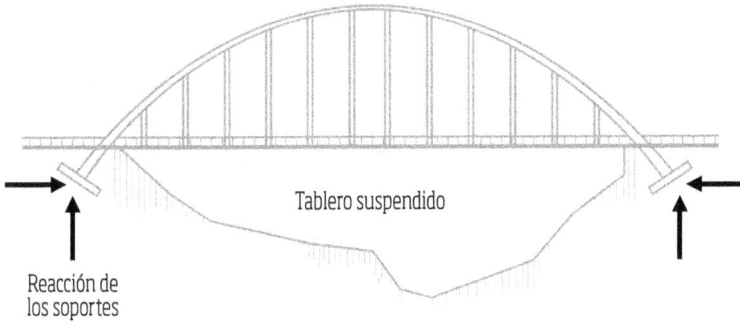

Tablero suspendido

Reacción de
los soportes

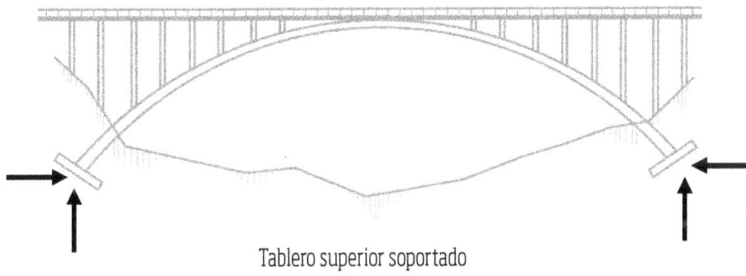

Tablero superior soportado

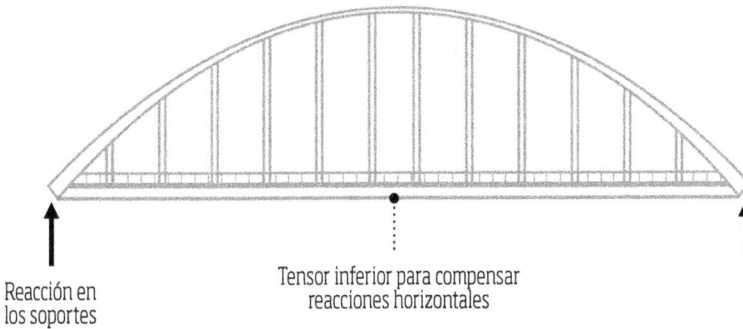

Reacción en
los soportes

Tensor inferior para compensar
reacciones horizontales

LOS PUENTES DE VIGAS

He aquí algunos ejemplos de puentes de vigas, que son los más comunes: el puente Danubio o de la Amistad (1954), que une Bulgaria y Rumanía; el puente Saint-Louis (1970), sobre el río Sena a su paso por París, o el puente Astoria-Megler (1966), entre Oregón y Washington. Con un formato simple y básico, se estructuran mediante los vanos, soportados a través de las vigas.

Estas pueden ser de dos tipos esenciales: en forma de L y las denominadas de caja, utilizadas principalmente en aquellos puentes cuya estructura está hecha de vigas de acero (si bien en su construcción también pueden intervenir otros materiales, como la madera y el hormigón, ya sea armado, pretensado o postensado). Las vigas en L son las más fáciles de diseñar y de construir, y funcionan muy bien en puentes completamente rectos. En cambio, si el puente presenta tramos curvos, es más frecuente el uso de las vigas de caja (llamadas así porque su forma recuerda a una caja). Este último tipo de vigas suelen estar constituidas por dos bandas (placas verticales colocadas en el centro de la estructura) y dos bridas (las placas superior e inferior de dicha estructura). También existen variantes en las que el puente está formado por un total de dos redes de vigas de caja, de manera que la estructura adquiere múltiples cámaras.

Pero ¿qué ocurre cuando el trazado de un puente presenta formas curvas? Pues que las vigas están sometidas a fuerzas de torsión, lo que se denomina torque. En este caso, una viga de caja con una segunda banda añadida es obviamente más estable y más resistente a la torsión. Por eso es la más común cuando el puente tiene una extensión considerable y los vanos deben ser más largos (las vigas en forma de L no ofrecerían la estabilidad y resistencia suficientes).

Las vigas pueden estar apoyadas únicamente en los extremos del puente, como sucede en buena parte de los puentes urbanos, que suelen cubrir un espacio pequeño o mediano, o bien en distintos puntos cuando hay que cubrir distancias mayores. Además, los puentes de este último tipo, con vigas continuas, presentan una menor vibración, entre otras ventajas.

Históricamente, los puentes de vigas se han construido con diferentes tipos de materiales, como la madera, el acero, el hormigón armado y el hormigón pretensado. Los primeros puentes de vigas de madera se levantaron a principios del siglo XIX en Estados Unidos (para las rutas del ferrocarril eran recurrentes los de vigas de celosía o trianguladas en madera), pero hoy en día apenas quedan ejemplos, pues la gran mayoría han sido reemplazados.

Ya alrededor del año 1830, con el auge de la producción industrial de hierro, surgieron las primeras estructuras dotadas de vigas trianguladas o de alma llena de hierro. Sin embargo, a finales del siglo XIX se abandonó este material casi por completo, entre otras razones por los importantes accidentes que acontecieron en este tipo de estructuras. Por ejemplo, el del puente de Ashtabula, en Ohio, que en 1877 se hundió al paso de un tren procedente de Nueva York; o el del estuario del Tay, que en 1879 colapsó y cayó al agua igualmente al paso de un tren, y que se saldó con cien víctimas mortales. En consecuencia, se buscaron otras opciones y el hierro fue sustituido por el acero, con el que los puentes de viga ganaron además en ligereza.

Las ventajas de los puentes de vigas son múltiples: requieren poco mantenimiento, porque los materiales utilizados en su construcción acostumbran a ser muy duraderos; presentan propiedades isostáticas, por lo que la estructura es casi insensible al hundimiento del terreno; su diseño es relativamente sencillo y económicamente muy viable. Todo ello hace que estas auténticas joyas de la historia de la ingeniería civil perduren en el tiempo.

A inicios del siglo XIX se construyeron los primeros puentes con vigas de madera y, hacia 1830, se erigieron las primeras estructuras con vigas trianguladas o de alma de hierro.

PUENTE DE VIGAS

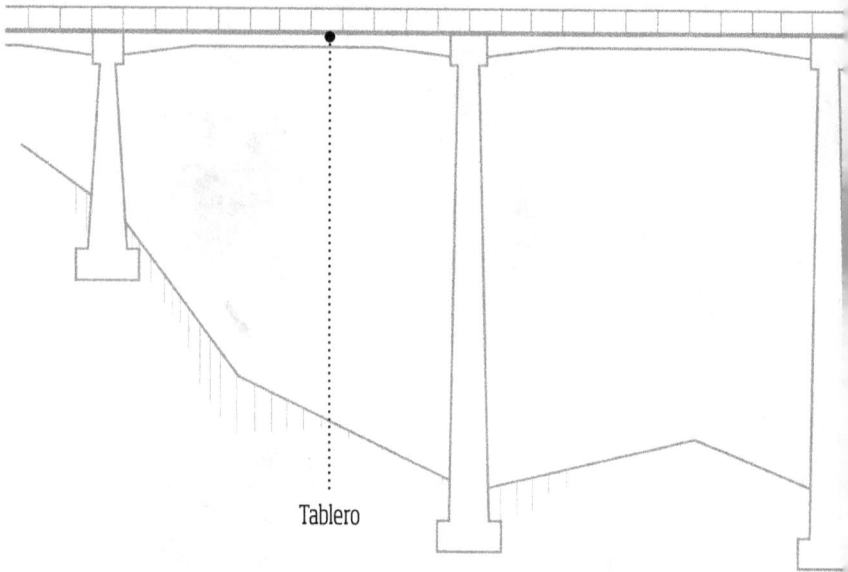

Tablero

DISPOSICIÓN, EN UN PUENTE DE VIGAS, DE LAS VIGAS TRANSVERSALES Y LONGITUDINALES

El tablero recibe la carga y la distribuye a las vigas situadas transversalmente, desde donde se transmite a las vigas longitudinales.

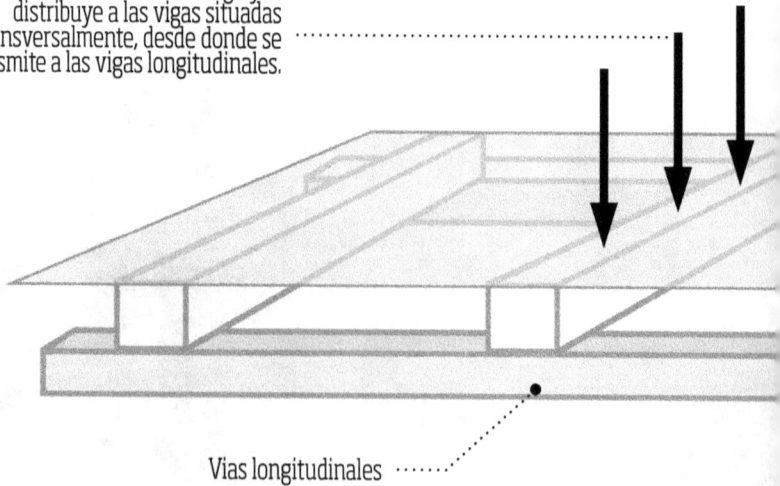

Vias longitudinales

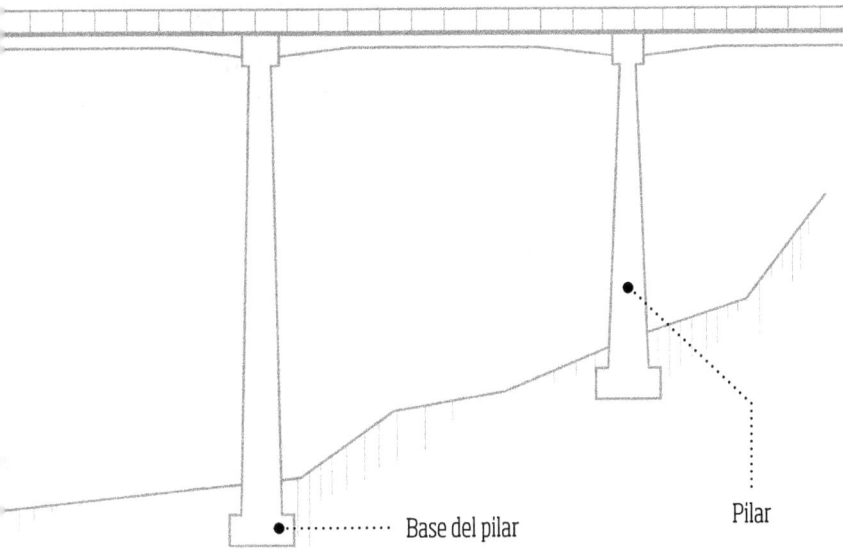

Base del pilar

Pilar

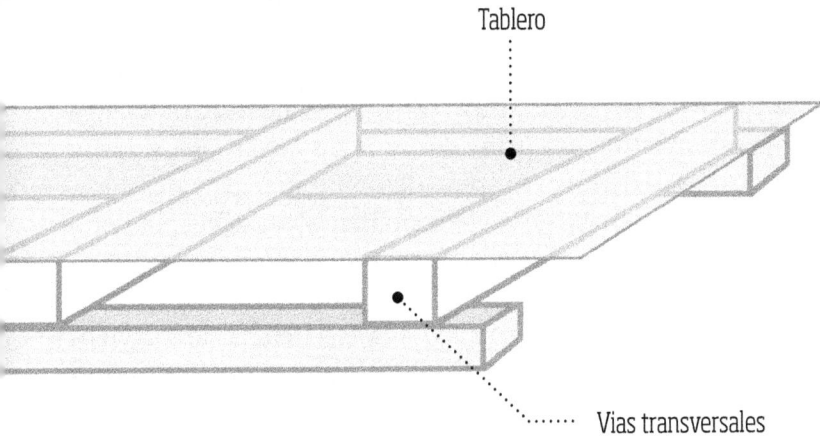

Tablero

Vias transversales

LOS PUENTES COLGANTES

Los puentes colgantes, también conocidos como puentes atirantados, se caracterizan por una serie de cables de gran resistencia que sostienen la estructura del puente. Uno de los primeros puentes colgantes de la ingeniería moderna fue el de Maine, en las islas Británicas, diseñado por Thomas Telford y erigido en 1826. Hasta 1836 ostentó el récord del mayor vano colgante del mundo. Originalmente, los cables del puente estaban hechos de hierro, pero entrado el siglo xx fueron sustituidos por otros de acero, más resistentes a la oxidación.

Comúnmente, un puente colgante está constituido por una viga continua dotada de una o más torres distribuidas sobre los muelles a lo largo del tramo del puente. La viga continua y el tablero se sostiene sobre los estribos y los apoyos de los pilares. Las torres son uno de los elementos básicos del puente colgante, pues a través de ellas discurren los cables principales; de hecho, en caso de que se desmoronaran, toda la estructura se vería afectada y el puente colapsaría. El tablero del puente no se apoya en pilas o arcos, sino que es sostenido por cables o piezas atirantadas desde la estructura que los sujeta.

Uno de los aspectos de mayor importancia en la construcción de un puente colgante es la distribución de la carga a través del cable principal y los tirantes o péndolas. Una de sus versiones más populares son los puentes dotados de una catenaria formada por numerosos cables de acero, de la cual pende el tablero del puente por medio de tirantes verticales. La catenaria cuelga de dos torres cuya función principal es la de llevar las cargas al suelo. Los cables deben ser extremadamente fuertes y flexibles. De ahí la necesidad de llevar a cabo análisis y estudios para elegir el tipo de cable idóneo para cada puente, teniendo en cuenta el enclave en el que se situará. Hay que estar atentos a las condiciones meteorológicas, sobre todo a la frecuencia de los vientos, y a las condiciones geológicas, principalmente si se producen terremotos. Estos fenómenos afectan seriamente a la estabilidad de los puentes y, en el caso concreto de los colgantes, a los cables que sostienen la viga. Asimismo, el puente colgante

El puente colgante de las Cadenas es uno de los más antiguos de Budapest (Hungría). Construido a mediados del siglo XIX, presenta un vano de 202 m, lo que fue un verdadero reto en el momento de su inauguración, en 1849.

debe afrontar otros aspectos de igual envergadura, como su propio peso y el del tráfico, si está destinado a ello.

Los materiales utilizados para la fabricación de los cables también revisten especial importancia, porque deben resistir las cargas externas que recibe el puente. A pesar de que existen diferentes configuraciones en la fabricación de los cables, prácticamente todos ellos están compuestos por alambres delgados de gran resistencia. Se estructuran en forma de trenzados o colocados paralelamente, siempre en función de las características del puente. Si se trata de uno colgante de gran luz, se acostumbra a utilizar el sistema de trenzado, mientras que en los puentes colgantes de menor luz se emplean cables con distribución de alambres paralelos. Para evitar la corrosión (los cables están a la intemperie), se utilizan alambres galvanizados recubiertos con

El puente de Williamsburg, en Nueva York, se inauguró en 1903. Se trata de un puente colgante un tanto singular, pues los tramos laterales próximos a los extremos están constituidos por ménsulas. Cuando se inauguró era el puente colgante más largo del mundo, con 2.227,5 m de longitud.

zinc. Asimismo, una vez colocados, se acostumbra a cubrirlos con una capa de pintura anticorrosiva.

Los tirantes, es decir, los elementos articulados que se encargan de transmitir a los cables las cargas del tablero y de las vigas de rigidez, suelen colocarse verticalmente (aunque en ocasiones se encuentran inclinados) y están formados por uno o dos cordones. El espacio entre tirantes coincide con los nudos de la viga de rigidez.

La función de la viga de rigidez es distribuir la carga del tablero de forma uniforme sobre las péndolas. Es importante que la viga tenga un peso reducido, que sea aerodinámica y que, junto con el tablero, contribuya a dotar a la construcción de una gran rigidez torsional. Una de las opciones más comunes en los puentes colgantes es la viga de caja integrada con el tablero, que ofrece unas buenas características aerodinámicas, una destacada rigidez torsional y poco peso. Sin embargo, existen otros tipos de vigas, como la reticulada de bridas paralelas, cuya brida superior se halla al mismo nivel que el tablero. Esta opción es la preferida en los puentes colgantes destinados al tráfico de ferrocarriles. Finalmente, existe otra clase de viga de rigidez, la denominada de alma llena, de plancha soldada, aunque sus malas características aerodinámicas hacen que se utilice poco en puentes colgantes.

Una de las ventajas de los puentes es que admiten plataformas a gran altura, lo que facilita el paso de barcos muy altos. Además, durante su construcción no son necesarios apoyos centrales, lo que permite levantarlos sobre profundas gargantas o cursos de agua muy transitados o con fuertes corrientes.

Algunos de los puentes más famosos de la historia de la ingeniería civil son colgantes, como el de Williamsburg, sobre el East River de Nueva York; el Széchenyi o puente de las Cadenas, en Budapest; el Rainbow, sobre la bahía de Tokio, o el eterno Golden Gate, en San Francisco.

PUENTE COLGANTE

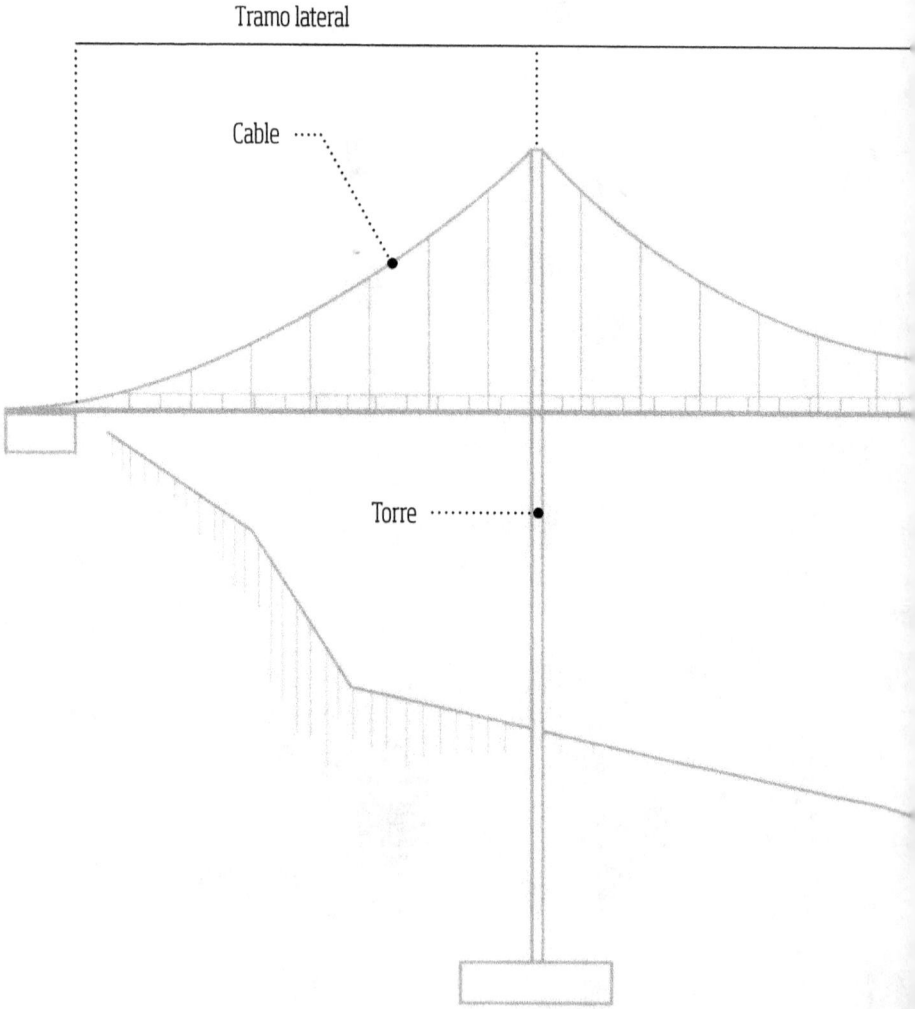

Tramo lateral

Cable ·····

Torre ········•

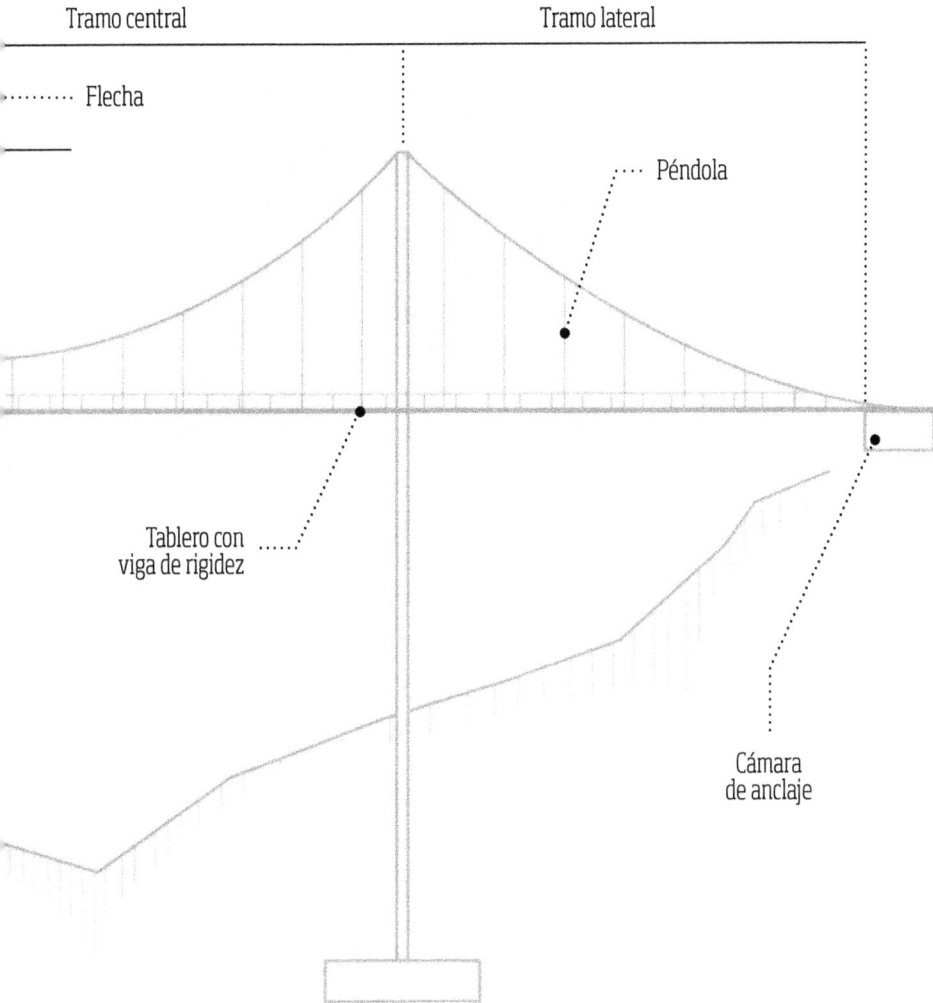

Tramo central

Tramo lateral

Flecha

Péndola

Tablero con
viga de rigidez

Cámara
de anclaje

LOS PUENTES DE MARCO RÍGIDO

Los puentes de marco rígido presentan una estructura indeterminada, en el sentido de su diseño no sigue un patrón concreto. Sin embargo, el rasgo que permite clasificarlos en esta categoría es que están constituidos por un arco de dos articulaciones. Tradicionalmente se han construido con dos únicos componentes principales de apoyo, lo que ha motivado ciertas críticas en algunos sectores de la ingeniería civil, que dudan que su trayectoria de cargas sea correcta.

Existen numerosos ejemplos de puentes de marco rígido, como el Eshima Ohashi, sobre el lago Nakaumi de Japón (2004), el de mayor tamaño de estas características en el país nipón y uno de los más grandes del mundo, o el Alto Puente de Caballete, en Iowa, Estados Unidos, constituido por una serie de tramos cortos soportados por un marco rígido.

ARCO DE DOS ARTICULACIONES

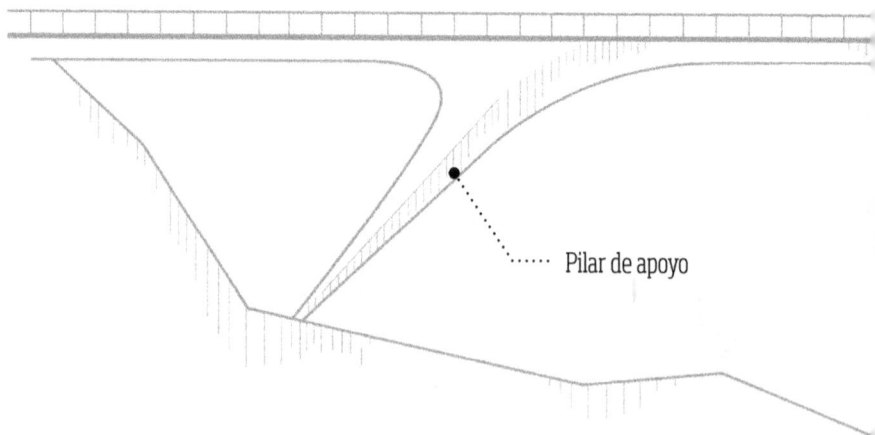

Pilar de apoyo

Eshima Ohashi es un puente de marco rígido, ubicado en Japón, cuya característica principal son los grandes desniveles que presenta. No en vano, es conocido popularmente como «puente de la montaña rusa».

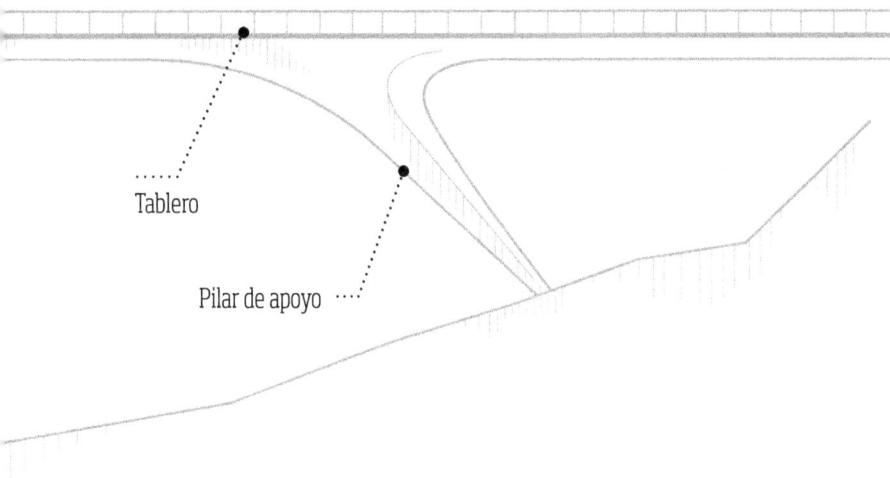

Tablero

Pilar de apoyo

LOS PUENTES DE ARMADURA

Los puentes de armadura o celosía presentan una malla diagonal de postes, que pueden situarse sobre el puente o debajo de él y que forman unidades triangulares. Esta composición les confiere una gran resistencia, pues se trata de una estructura muy rígida que permite distribuir las fuerzas por casi toda la estructura del puente. Además, requieren menos material y el mantenimiento es sencillo. Por el contrario, y según la opinión de algunos expertos, los puentes de armadura no resultan demasiado atractivos a la vista.

Es un tipo de puente típico de los cruces de ferrocarriles. En el siglo XIX, en plena expansión de la red ferroviaria de Estados Unidos, se construyeron muchos a lo largo y ancho de su territorio. Los primeros puentes de armadura eran de madera, más tarde se les añadieron varillas extensibles de hierro y hoy en día suelen estar hechos de diferentes tipos de metales, como hierro forjado o acero.

Existe una larga lista de celosías que conforman la armadura, según se dispongan las mallas que forman las unidades triangulares.. Las Allan, así llamadas en honor al ingeniero civil australiano Percy Allan (1861-1930), se caracterizan por tramos centrales dispuestos en barras con cruces de san Andrés. Es el caso de los puentes sobre los arroyos Glennies en Camberwell, Nueva Gales del Sur (1894), y Mill, cerca de Wisemans Ferry (1929), ambos en Australia. otra disposición bastante utilizada es la de celosías Pratt, con elementos verticales y diagonales que se inclinan hacia abajo y hacia el centro, son los puentes estadounidenses del río Dearborn, cerca de Augusta, Montana (1897), o el de Fair Oaks, en California (1907-1909). Las celosías Waddell, en honor al ingeniero civil norteamericano John Alexander Low Waddell (1854-1938), de gran simpleza, se pueden apreciar en el puente de Troy, Kansas, o en el ferroviario de la línea Kansas City Southern Railroad, sobre el Cross Bayou en Shreveport, Louisiana (1890).

La rigidez de la estructura propia de los puentes de armadura o celosía les proporciona una elevada resistencia.

MALLA SUPERIOR DE POSTES QUE FORMAN UNIDADES TRIANGULARES

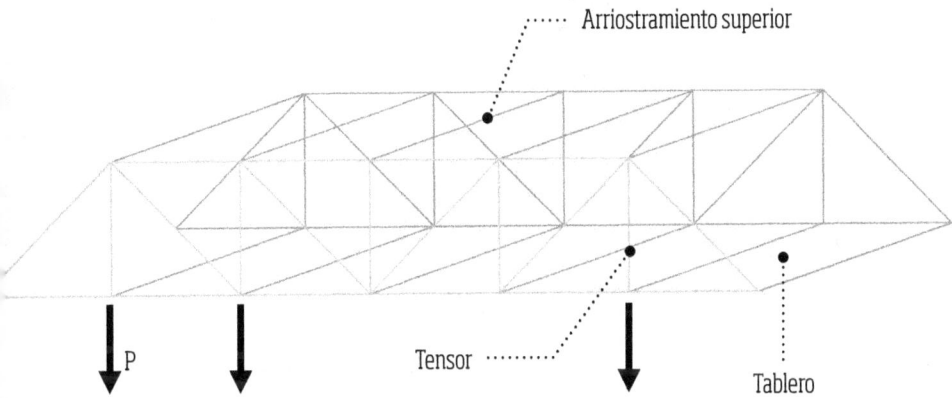

Arriostramiento superior

P

Tensor

Tablero

MALLA INFERIOR DE POSTES QUE FORMAN UNIDADES TRIANGULARES

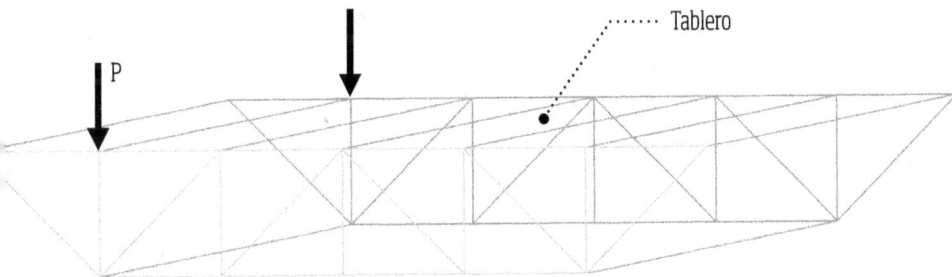

Tablero

P

Litografía del puente sobre el río Miño que une España y Portugal. Inaugurado en 1886, este puente de armadura consta de dos pisos: el superior para el paso del ferrocarril y el inferior para carruajes y peatones, que circulaban por unas pasarelas de metal laterales.

¿VIADUCTO O PUENTE?

Pese a que todos los viaductos son considerados puentes, no todos los puentes son viaductos. Hay numerosas definiciones del término *viaducto*, pero la gran mayoría coinciden en que lo que los distingue de los puentes son elementos relacionados con su uso primario, su posición y su construcción. A grandes rasgos, los viaductos son puentes de una extensión notable o una serie de puentes conectados entre sí a través de estructuras de puentes de arco. Generalmente albergan vías de comunicación destinadas al tránsito de vehículos o vías ferroviarias.

Existen distintas tipologías de viaductos, muchas de ellas compartidas con los puentes, como los atirantados o los de vigas. En cuanto al obstáculo que deben salvar, muchos especialistas coinciden en destacar que se alzan por encima de hondonadas, pero también los hay que cruzan grandes superficies de agua. Es el caso del impresionante viaducto que analizaremos en esta obra, el de Millau, en Francia.

45

¡ES HORA DE CALCULAR!

La seguridad depende de los cálculos

Son muchas las fórmulas que intervienen a la hora proyectar un puente, pues de ellas depende la seguridad y solidez de la estructura. Cada detalle de las distintas fases de la construcción, debe estar calculado con rigor y la máxima precisión.

Calcular la resistencia, la rigidez y la estabilidad de la estructura es básico para asegurarse de que mantengan sus cualidades y formas.

¡EMPIEZAN LOS CÁLCULOS!

Planificar las tareas de diseño, construcción, supervisión y mantenimiento de un puente no es tarea fácil: hay que tener en cuenta distintos conceptos asociados a la naturaleza de las estructuras y de los materiales con los que se realizará la obra. Por si fuera poco, dado que cada estructura es diferente, cada una de estas etapas también debe contemplar las necesidades y objetivos concretos. A partir de ahí empiezan los cálculos para asegurar la viabilidad del proyecto y la seguridad del puente.

48   Otro factor que hay que valorar son las normativas a tal efecto que existan en cada país o territorio. Las diferentes reglamentaciones pueden incluir especificaciones técnicas de cumplimiento obligatorio relativas al diseño, la construcción o el mantenimiento del puente, por ejemplo.

En cualquier caso, desde la concepción de la idea hasta su materialización intervendrán muchos profesionales –desde ingenieros hasta arquitectos, pasando por técnicos y constructores– que aportarán sus conocimientos. Los especialistas se encargarán de evaluar las condiciones iniciales: la función que tendrá el puente, el estudio del terreno –geológico, geotécnico, topográfico, de georreferenciación, hidrológico, etc.– y del impacto ambiental de la obra, el diseño arquitectónico, el informe de riesgos, el coste de la construcción y los recursos necesarios, entre otros. También estimarán las condiciones de la obra en el anteproyecto y en el diseño definitivo del puente. Cada uno de estos análisis, con sus respectivos métodos, permitirá desarrollar un estudio final y una memoria detallada, que incluirá la descripción de los materiales que se van a emplear, las características estructurales y los aspectos técnicos, económicos y de arquitectura, además de la memoria de cálculo.

LA NATURALEZA Y PROPIEDADES DE LOS MATERIALES

Conocer el comportamiento de los materiales es esencial para asegurar que la estructura se conserve en buenas condiciones y desempeñe a la perfección la tarea para la que ha sido diseñada. Así, en la ingeniería civil y, por supuesto, en la construcción de puentes es imprescindible calcular, por ejemplo, la resistencia mecánica, la rigidez y la estabilidad de todos los componentes de la estructura. Hay que asegurarse de que todos los elementos mantengan sus cualidades y formas, pues estarán sometidos a múltiples cargas y agentes.

Por tanto, al proyectar una obra y durante sus fases de creación, hay que realizar constantes cálculos y comprobaciones. Por ejemplo, en el caso de un puente atirantado, habrá que determinar, mediante fórmulas, cuál será el esfuerzo que deberá afrontar el acero de los cables, los esfuerzos máximos a los que serán sometidas las vigas, la resistencia del hormigón...

También habrá que conocer el comportamiento de los materiales ante el efecto de las fuerzas a las que estarán sujetos o de los agentes climáticos. No es lo mismo levantar un puente en medio del mar que hacerlo sobre tierra firme, en una ciudad o en medio de un enclave natural; el posible deterioro de sus elementos dependerá en cada caso de la climatología de la zona, de la carga soportada, entre otros muchos factores que deben ser previstos porque nada puede fallar.

Todo ello determinará, para cada elemento del puente, qué materiales conviene emplear, de qué forma, con qué dimensiones, e incluso qué maquinaria se deberá usar para que la construcción cumpla con las expectativas de funcionamiento. Por ejemplo, para levantar un puente sobre el mar habrá que recurrir a técnicas y equipos de dragado, bombas y tuberías sumergibles para los trabajos subterráneos, grúas flotantes y plataformas especiales, embarcaciones que permitan el transporte de los materiales –como los gánguiles– y elementos de cimentación y protección específicos.

CARGAS, ESFUERZOS, TENSIONES Y FUERZAS

En la estructura, el propio peso del puente y las cargas que debe soportar (imaginemos la carga que implica cada vehículo cuando cruza el puente, o las consecuencias de la fuerza del frenado de un automóvil o un camión ante una posible colisión, por poner varios ejemplos) tienen un efecto sobre los demás elementos que la conforman, que se ven sometidos a distintos tipos de esfuerzos y tensiones. Así, el tipo de estructura (rígida, articulada…), el emplazamiento de los elementos, las clases de apoyos repercuten en la distribución de estos esfuerzos. A continuación se detallan las cargas en un puente de vigas y en uno atirantado, así como los esfuerzos en este último. Son muchos, pues, los condicionantes que se deben tener en cuenta en las facetas del proyecto de diseño y construcción de un puente, y en este proceso cada pequeño elemento se traduce en infinitos cálculos, porque todo debe estar controlado y previsto para que la obra cumpla su cometido sin entrañar riesgos. Como es de suponer, describir estas fórmulas nos llevaría mucho tiempo, así que lo mejor es dejarlas en manos de los expertos.

50

FUERZAS: EL VIADUCTO DE MILLAU

En el caso de los puentes atirantados como el de Millau, cabe hablar de la intervención de las fuerzas de tracción, de compresión, gravitatoria y cortante.

Las fuerzas de tracción están relacionadas con el esfuerzo al que se somete un cuerpo mediante la acción de dos fuerzas que actúan en sentido contrario, con lo que tienden a estirarlo. De este modo, en un puente colgante, los cables ejercen debido a su flexibilidad un estiramiento por el efecto de las fuerzas de tracción.

Las fuerzas de compresión son producto de las cargas externas que actúan en un cuerpo deformable y tienden a reducir el volumen.

La fuerza gravitatoria, es la fuerza de atracción mutua que ejercen los cuerpos por el mero hecho de tener una masa determinada. En un puente atirantado, hace referencia al peso que deberá soportar el tablero y al de la propia estructura.

La fuerza cortante es la que actúa de forma tangente a un plano. Cuando un coche se halla en la zona central de un puente, las fuerzas que actúan en los extremos de la estructura y en la parte central, que evitan el colapso, son cortantes.

FLUJOS DE CARGAS
EN DISTINTOS PUENTES

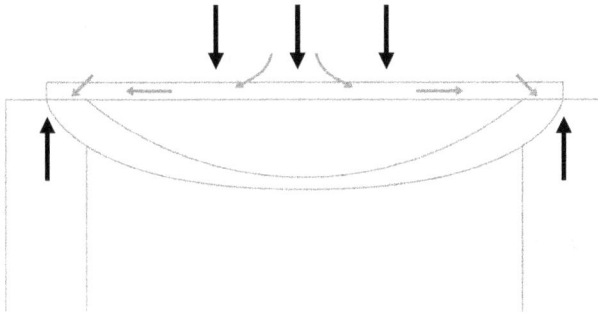

Sistema de puente con vigas

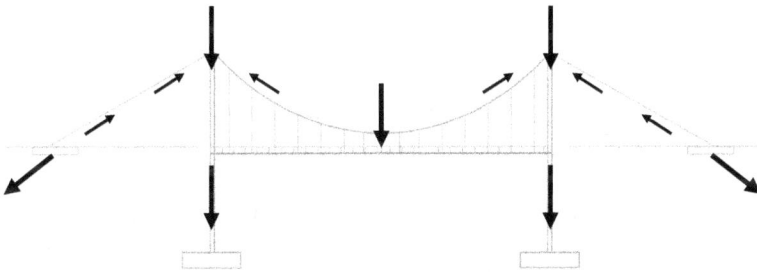

Sistema de puente con tablero suspendido

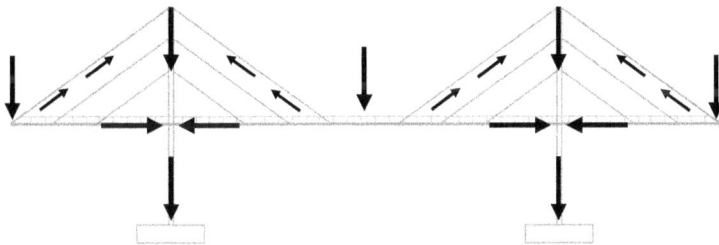

Sistema de puente atirantado

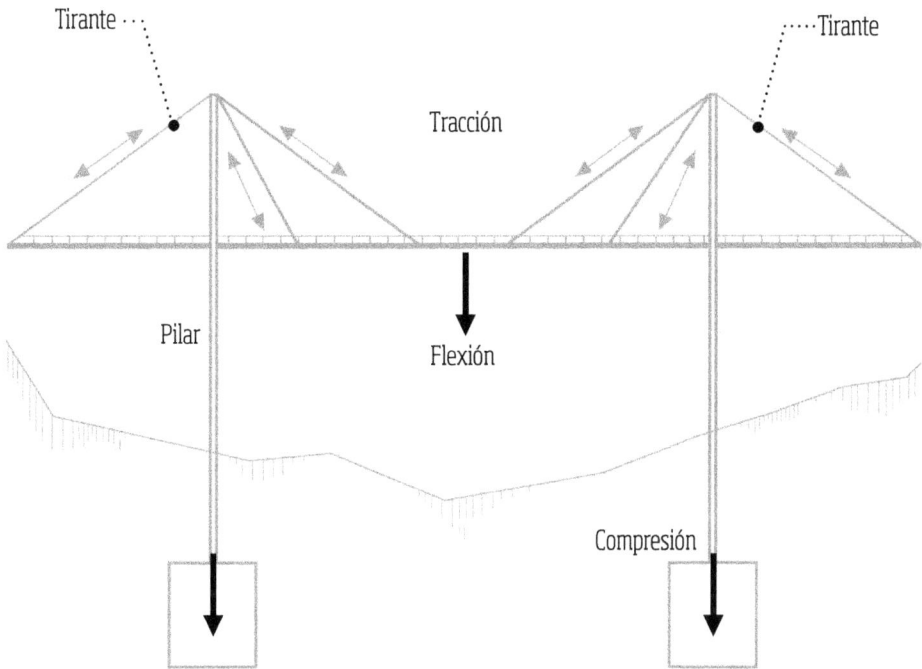

Tirante

Tirante

Tracción

Pilar

Flexión

Compresión

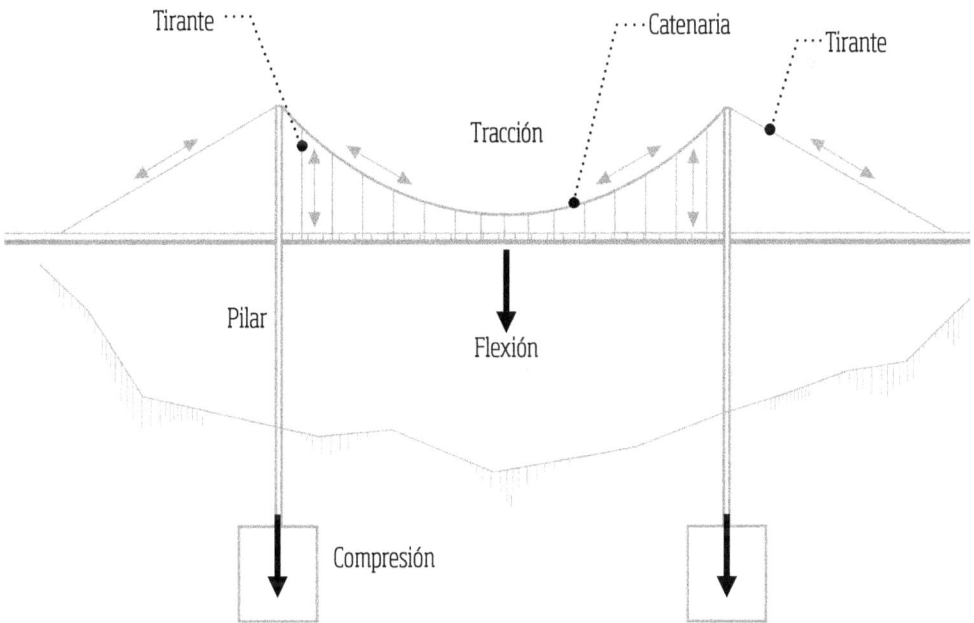

Tirante

Catenaria

Tirante

Tracción

Pilar

Flexión

Compresión

EL VIADUCTO DE MILLAU

Una de las obras de ingeniería más espectaculares del mundo

«El viaducto de Millau es un magnífico ejemplo de la larga y gran tradición francesa de crear obras de arte audaces, una tradición que comenzó a finales del siglo XXI con el gran Gustave Eiffel.»

Jacques Chirac, expresidente de Francia

EL VIADUCTO DE MILLAU

Visto de lejos, parece un conjunto de veleros que surcaran majestuosamente el cielo. Ha sido calificado como una proeza técnica, una obra maestra, una obra de arte, la mayor construcción del siglo XXI, el mayor proyecto de ingeniería de Europa... Es el viaducto de Millau, una impresionante obra de ingeniería que destaca por su belleza, por la sutileza de su estructura y, claro está, por su altura. Ubicado en Francia, en el departamento de Aveyron, este puente atirantado de 2,46 km que atraviesa el valle del río Tarn fue reconocido en 2005, por la Organización Récord Guinness, como el más alto del mundo por sus 343 m de altura máxima desde la parte superior de una de las torres hasta el punto más profundo del valle. Su impresionante estructura, capaz de resistir vientos de más de 200 km/h, alberga cuatro carriles destinados al tráfico de vehículos (y ubicados nada menos que a unos 270 m sobre el río) que forman parte de la autopista A75 que une Clermont-Ferrand con Béziers y Narbona.

Este impresionante puente atirantado de 2,46 km atraviesa el valle del Tarn, en el departamento francés de Aveyron.

Inicialmente, cuando salió a la luz la ambiciosa propuesta vencedora del concurso para construir el puente, algunos creyeron imposible que pudiera hacerse realidad. Pero entre 2001 y 2004 la compañía Eiffage levantó la estructura del viaducto de Millau, concebido por el ingeniero Michel Virlogeux y por el arquitecto Norman Foster, desafiando la altura y venciendo todas las dificultades y contratiempos. Las dos partes del tablero habían avanzado sobre el abismo hasta encontrarse, con la máxima precisión, a medio camino.

Gracias a los conocimientos, la experiencia y el trabajo de más de tres mil personas (en su construcción participaron expertos de hasta siete países europeos, como Alemania, Bélgica o Austria), y a la tecnología más novedosa, hoy miles de automóviles cruzan el

El viaducto de Millau ofrece un espectacular y estilizado perfil de siete pilares y siete torres que, a modo de mástil, cada una de ellas soporta un triángulo formado por los tirantes de sujeción. Algunas voces han descrito el puente como si de una serie de veleros se tratara.

viaducto a diario. Además, en sí mismo es ya una atracción turística: cientos de miles de personas y aficionados a la arquitectura se detienen en sus cercanías para deleitarse con las vistas y visitar el Viaduc Expo, que permite conocer los entresijos de esta megaestructura que ya forma parte del patrimonio francés.

El puente, una verdadera joya arquitectónica que encaja a las mil maravillas en el paisaje de la región, es uno de los grandes logros de la ingeniería, una obra titánica cuya construcción arroja unas cifras vertiginosas.

58 CARACTERÍSTICAS TÉCNICAS

Con una altura como la del Empire State Building y 19 m superior a la de la torre Eiffel, la estructura del viaducto de Millau destaca a simple vista por su impresionante perfil, pero también por los estratosféricos datos relativos a sus elementos y características técnicas. No en vano, ha batido numerosos récords. En este puente, los 2.460 m de longitud del tablero sobre el que discurre la autopista A75 se elevan a unos 270 m sobre el río Tarn.

La vía se sustenta a gran altura gracias a siete espectaculares pilares de hormigón y a siete torres que incluyen un total de 154 tirantes de sujeción de acero. Todo ello distribuido a intervalos regulares a lo largo del viaducto.

El pilar más elevado mide casi 245 m, mientras que la estructura alcanza una altura máxima de 343 m: dos récords mundiales. Construido en tan solo tres años, costó más de 400 millones de euros y contó con la participación de 3.000 trabajadores, hasta 600 a la vez en algunos momentos. Son cifras de gran envergadura para una megaestructura robusta a la par que elegante. A menudo los vehículos se desplazan por el viaducto de Millau por encima de las nubes, como si transitaran por el cielo.

LA MAGIA DE UN PUENTE ATIRANTADO

El viaducto de Millau es un puente con una estructura atirantada múltiple: numerosos cables se extienden desde cada torre (un total de siete) hasta la sección del tablero situada en sus inmediaciones para contribuir a soportar su peso. En un puente colgante o en suspensión, los grandes cables principales cuelgan entre las torres y solo se conectan al suelo en cada extremo del puente; en el atirantado, por su parte, el peso de la cubierta se transfiere a los cables principales y, gracias a estos, a los puntos que conectan con el suelo.

ALGUNAS CIFRAS
DEL GIGANTE DE ACERO

- Localización: Millau. Valle del Tarn. Aveyron, Francia.
- Coordenadas: 44°04'46"N / 3°01'20"E
- Tipo de puente: atirantado, con diseño de arpa con modificaciones.
- Longitud: 2.460 m (dos tramos en las orillas de 204 m y seis tramos de 342 m). (Ver imagen).
- Número de vanos: dos de 204 m en las orillas y seis interiores de 342 m (Ver imagen).
- Altura del tablero: 270 m
- Número de pilares: 7 (de hormigón).
- Altura del pilar más alto (P2): 245 m
- Altura del pilar más bajo (P7): 77 m
- Número de torres con tirantes de sujeción de acero: 7, de unas 700 toneladas cada una.
- Altura de las torres: 87 m
- Tensión de los cables. Entre 900 y 1.200 toneladas para los más largos.

- Número de tirantes de sujeción de acero: 154 (11 pares por torre dispuestos en una sola capa coaxial).
- Altura máxima del puente: 343 m, desde la parte superior de una de las torres hasta el punto más profundo del valle.
- Anchura del tablero: 32 m
- Espesor del tablero: 4,2 m
- Peso del tablero de acero: 36.000 toneladas (cinco veces el peso de la estructura metálica de la torre Eiffel).
- Volumen de hormigón: 206.000 toneladas/127.000 m³
- Peso total de la estructura: 290.000 toneladas.
- Pendiente: 3,025% en dirección sur-norte.
- Radio de curvatura: 20 km
- Adjudicatario de las obras: Ministerio de Equipamiento, Transporte, Vivienda, Turismo y Mar de Francia.

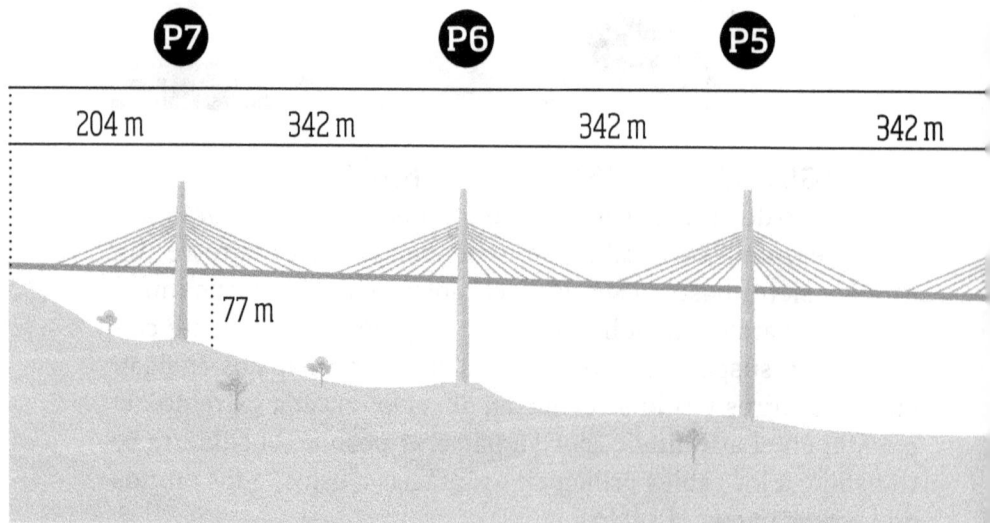

P7   P6   P5

204 m   342 m   342 m   342 m

77 m

- Ingeniero: Michel Virlogeux.
- Arquitecto: Norman Foster (Foster and Partners).
- Empresa constructora: Grupo Eiffage, bajo el nombre de Compagnie Eiffage du Viaduc de Millau. Eiffel fue la compañía encargada de la estructura de acero del viaducto y del dispositivo de avance del tablero.
- Material principal: mixto; hormigón armado y acero.
- Periodo de construcción: 3 años (octubre de 2001-diciembre de 2004).
- Inauguración: 14 de diciembre de 2004, a cargo del presidente de la República Francesa, Jacques Chirac.
- Puesta en marcha: 16 de diciembre de 2004.
- Coste de la construcción: más de 400 millones de euros (entre el viaducto y la estación de peaje).

- Número de trabajadores: 3.000 (hasta 600 simultáneamente en los momentos de más trabajo).
- Garantía de la obra: 120 años.
- Duración de la concesión: 78 años (3 años de construcción y 75 años de explotación).
- Utilidad: tráfico de vehículos.
- Vía: tramo de la autopista francesa A75.
- Número de carriles: cuatro (dos en cada sentido).
- Tráfico diario estimado: 10.000-25.000 vehículos.
- Velocidad máxima permitida: 110 km/h.

61

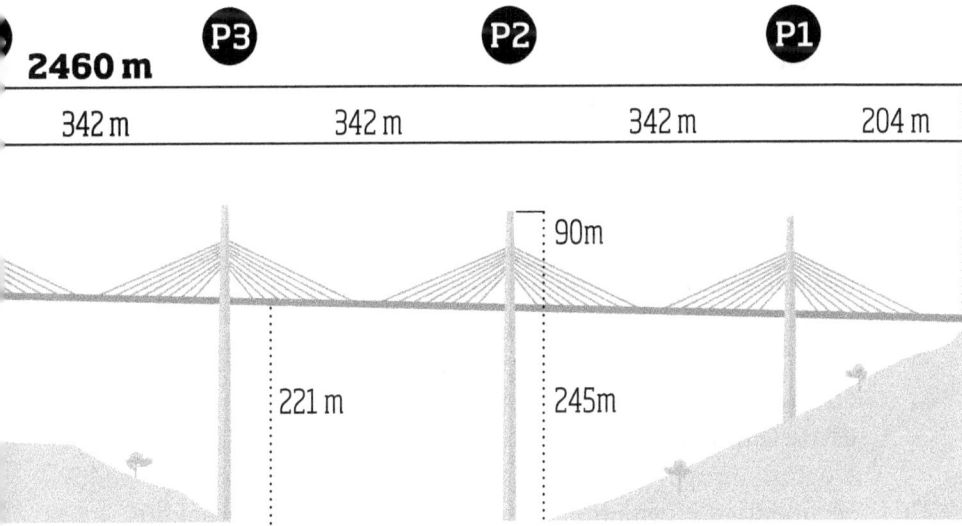

2460 m   P3   P2   P1

342 m   342 m   342 m   204 m

90m

221 m   245m

TIPOS DE PUENTE ATIRANTADO

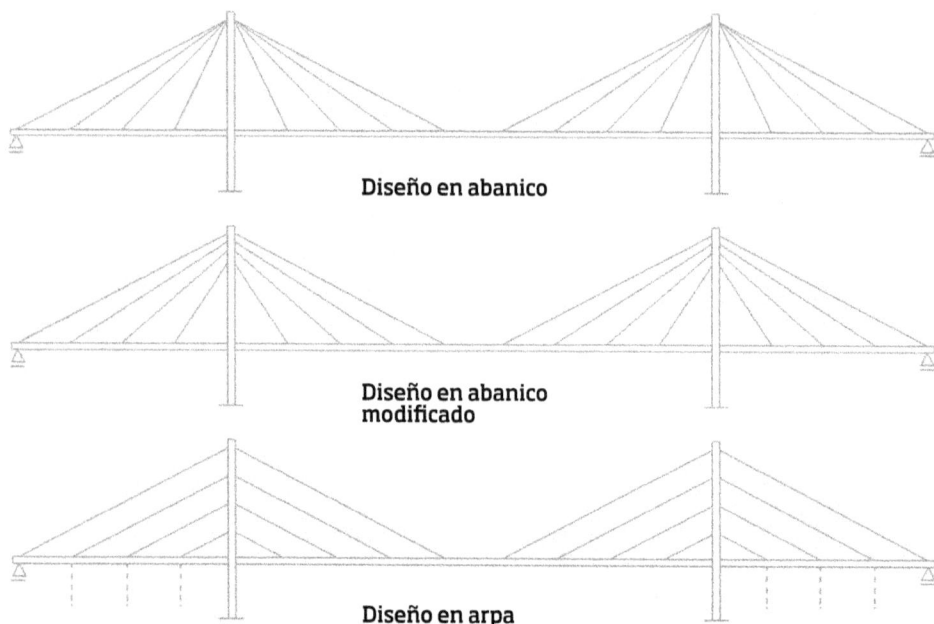

Diseño en abanico

Diseño en abanico
modificado

Diseño en arpa

El viaducto se construyó partiendo del diseño de arpa, que junto al de abanico es uno de los dos diseños esenciales para los puentes atirantados (aunque también es posible optar por el diseño de estrella o el asimétrico). En el de arpa, los cables que sostienen la cubierta pasan a través de la torre y se distribuyen a diferentes alturas, incluso próxima al tablero, mientras que en el de ventilador, los cables parten de un mismo punto situado en el tramo superior de la torre o cerca de ella.

El viaducto de Millau sigue un sistema de arpa con modificaciones, puesto que los cables parten de distintas alturas, pero localizadas en el tramo medio-superior de la torre.

En cuanto a los elementos que lo conforman, se dividen –como en cualquier puente– en dos grandes grupos según la parte de la estructura a la que pertenezcan: la superestructura y la infraestructura de apoyos o subestructura. También contiene elementos secundarios y, evidentemente, unos cimientos muy sólidos.

El viaducto de Millau se construyó siguiendo un diseño en arpa pero con modificaciones: en él los cables que llegan hasta el tablero parten de distintas alturas que se localizan en el tramo medio-superior de las torres.

LOS CIMIENTOS: LA BASE DE UNA BUENA ESTRUCTURA

La cimentación es fundamental para que un puente funcione a la perfección, tenga una larga vida y no presente problemas. Es, nunca mejor dicho, una de las bases para construir una buena estructura, fuerte y sólida, que ofrezca seguridad en scualquier circunstancia.

Cualquier cimentación requiere de numerosos estudios previos, para asegurarse de que las partes asentadas sobre terrenos inclinados no cedan, para estar preparados ante cualquier tipo de inestabilidad provocada por las sobrecargas de los pilares, etc.

Es imprescindible realizar análisis geotécnicos y fotogeológicos (comparando las fotografías de distintas épocas), una cartografía que incluya posibles inestabilidades (cualquier grieta en el suelo puede indicar un movimiento del terreno que, si no se tiene en cuenta, podría resultar catastrófico) y, por supuesto, el estudio completo del terreno donde se apoyará la cimentación.

Una vez que se han analizado los resultados, se decide el tipo de cimentación más idónea. Pero antes hay que «limpiar» el terreno donde se establecerán los cimientos y luego excavar para obtener nueva información relativa al suelo y a la estabilidad de las propias excavaciones. El hormigonado de limpieza permitirá obtener una zona nivelada y limpia sobre la cual asentar la estructura (en muchos casos también habrá que rellenar otras zonas próximas).

Existen dos tipos esenciales de cimentación a la hora de construir un puente: las superficiales y las profundas. La principal diferencia estriba en que las primeras se realizan mediante zapatas (estructuras de hormigón armado, generalmente de planta rectangular, que permiten transmitir las cargas al terreno) y losas de cimentación (zapatas de grandes dimensiones), mientras que en las segundas se emplean pilotes o pantallas (elementos de contención de tierras para excavaciones verticales, con el fin de evitar

la inestabilidad del terreno o de las edificaciones cimentadas en las inmediaciones, así como para eliminar o reducir las filtraciones de agua). En el caso del viaducto de Millau, se debían crear los cimientos para los siete pilares de hormigón. Así, debajo de cada uno se excavaron cuatro pozos «marroquíes» de entre 9 y 18 m de profundidad (según el lugar) y de entre 4 y 5 m de diámetro. Luego se cubrieron con una base de entre 3 y 5 m de espesor.

EL SUSTENTO DE LA ESTRUCTURA

En los puentes, la infraestructura de apoyos es vital, porque es la responsable de transmitir las fuerzas de la superestructura a la subestructura, o también de una superestructura a otra. Por eso los elementos de apoyo deben presentar unas características muy singulares para cumplir los requisitos relacionados con la resistencia de cargas, la absorción de los movimientos, la resistencia a la intemperie y a las temperaturas extremas...

Los elementos que constituyen la infraestructura de un puente son, básicamente, los estribos y los pilares. Los estribos son los apoyos que se encuentran en los extremos del puente, encargados de transferir la carga de este al terreno y de sostener el relleno de los accesos al puente. Además de ser los receptores sobre los que se ubica la superestructura, actúan de muros de contención, al recibir el empuje de las tierras de los terraplenes de acceso.

Los siete pilares del viaducto de Millau son monolíticos en la base pero se desdoblan en su parte superior, donde descansa el tablero. La forma y el tamaño de cada uno de ellos varía y las respectivas alturas dependen de la topografía del lugar.

Respecto a su estructura, los estribos están constituidos por un muro frontal que soporta el tablero y los denominados muros-aletas, que contienen el terreno.

En cuanto a los pilares, se trata de elementos de apoyo intermedios de los puentes de dos o más tramos, cuya función principal es soportar la carga de la superestructura. Su diseño está especialmente pensado para resistir la acción de cualquier fenómeno natural, como presiones hidráulicas o cargas de vientos, entre otros.

- **Los pilares.** En el viaducto de Millau, el tablero se sostiene sobre siete pilares de hormigón, uno de los cuales (P2) ostenta el récord del más alto del mundo con 245 m. Estos pilares, numerados del 1 al 7 (de norte a sur) se erigen sobre sus respectivos cimientos y son monolíticos en la base para desdoblarse en la parte superior. Esta es una de las características de su diseño, especialmente pensado para hacer frente a factores como la dilatación del tablero. Efectivamente, la forma y el tamaño de cada pilar varían para soportar la impresionante carga que transmite el tablero, así como las vibraciones y movimientos provocados por la dilatación térmica y otros factores externos (el viento u otros agentes climáticos). Las alturas de los pilares dependen de la topografía del lugar. El P1 tiene 94,5 m y está emplazado sobre una gran pendiente; el ya mencionado P2 alcanza los 245 m; el P3, 221 m; el P4, 144 m; el P5, 136 m; el P6, 112 m, y el P7, el más bajo, 77,5 m.

- **Los estribos o contrafuertes.**Los estribos o contrafuertes del viaducto de Millau son las estructuras de hormigón destinadas, entre otras funciones, a anclar el tablero del puente a las mesetas Causse du Larzac y Causse Rouge, ya en tierra firme. Huecos y de 13 m de ancho, son más estrechos que el tablero y cuentan con voladizos laterales para que la forma de la cubierta se extienda hasta alcanzar la tierra.

LOS ELEMENTOS DE LA SUPERESTRUCTURA

Entre los elementos que conforman la superestructura de un puente, uno de los principales es el tablero, la base superior del puente sobre la que circulan los vehículos o los trenes, o caminan los peatones; de ahí que deba tener la capacidad de soportar cargas dinámicas. A través de las armaduras, el tablero transmite dichas cargas dinámicas a los estribos y pilares, que las envían a los cimientos.

Encima del tablero se halla la carpeta de rodamiento o de desgaste, o carpeta asfáltica, que se añade para proteger la calzada del tablero del desgaste causado por el tránsito y por la infiltración de agua de la lluvia u otro tipo de líquidos. En algunos casos

El tablero de acero destaca por sus impresionantes cifras: instalado a más de 260 m de altura, tiene casi 2,5 km de longitud, 32 m de ancho, 4,2 m de espesor y un peso total de 36.000 toneladas.

hay juntas de expansión, encargadas de permitir los movimientos y las rotaciones entre dos partes de una estructura. Básicamente están constituidas por los guardacantos, que protegen los bordes de las juntas y el pavimento, por los ángulos en perfiles metálicos y por los sellos. El tablero descansa sobre las vigas, de gran importancia en un puente, directamente o a través de largueros y viguetas transversales. Las vigas longitudinales son las que soportan el peso directo del tablero, mientras que las transversales soportan a las longitudinales.

Sin embargo, existen ejemplos de puentes que carecen de vigas longitudinales, siendo las transversales, colocadas muy unidas entre sí, las que soportan el peso del tablero. En cualquier caso, las vigas transmiten las cargas del tablero a los apoyos de la estructura del puente.

Otros elementos pertenecientes a la superestructura de un puente se hallan únicamente en ciertas tipologías, como los cables y los tirantes, característicos de los puentes colgantes.

- **El tablero.** El tablero de acero del viaducto de Millau, sobre el que se hallan las vías de la autopista A75, es el eje central del puente, con casi 2,5 km de longitud, 32 m de ancho, 4,2 m de espesor y 36.000 toneladas de peso. Su instalación, a más de 260 m de altura, constituyó la fase más espectacular de la construcción de la obra: desde las orillas, dos partes del tablero avanzaron sobre el abismo hasta coincidir, en una operación sin precedentes.
- **La carpeta de rodamiento** o de desgaste, o carpeta asfáltica, cuenta con un revestimiento especial para resistir las posibles deformaciones del tablero y asegurar la máxima seguridad y comodidad para la conducción en este tramo de la A75. Por supuesto, esta parte del viaducto incluye todos los elementos de protección y seguridad, iluminación, etc., propios de una

vía destinada al tráfico de vehículos. Las juntas de dilatación, esenciales por las diferencias de temperatura a las que se ve sometido el viaducto, presentan distintas medidas en función del sector del tablero, a causa de la ligera pendiente de 3,025% en dirección sur-norte y del radio de curvatura.

- **Las siete torres de acero.** Las torres del viaducto son las estructuras de acero que completan, por encima del tablero, la línea vertical creada por los siete pilares. Se trata de siete mástiles con forma de Y invertida que permiten anclar, en su parte superior, los cables necesarios para soportar la cubierta.
- **Los 154 tirantes de sujeción.** En el viaducto de Millau, sostienen el tablero once pares de obenques-tirantes de sujeción y anclaje fijados a cada una de las siete torres y al propio tablero. Estos 154 tirantes de acero, formados a su vez por numerosos cables, han sido tensionados en función del lugar que ocupan, de su longitud y de los cálculos establecidos previamente por los ingenieros. Siguiendo estos parámetros de longitud y tensión, cada tirante de sujeción puede estar constituido por entre 45 y 91 cables de acero de alta resistencia, cada uno de los cuales está formado a su vez por siete cables de acero triplemente protegidos para evitar la corrosión mediante un galvanizado, un recubrimiento de cera de aceite y un revestimiento de polietileno extruido. La cubierta exterior está constituida por un doble burlete helicoidal.

OTROS ELEMENTOS

En los puentes también encontramos elementos considerados secundarios porque no llevan a cabo una función específica en el ámbito estructural de la construcción. Nos referimos, por ejemplo, a las veredas, el espacio destinado al paso de peatones, separado de la calzada principal por barandillas u otros elementos parecidos; los desagües, que permiten el escurrimiento de las aguas pluviales; las barandas, que delimitan la zona por la que deben circular los vehículos y evitan su caída en caso de accidente, por lo que deben lo bastante rígidas para contener el impacto de los vehículos; elementos de iluminación, tales como focos, farolas, lámparas, etc., para que los conductores vean correctamente la ruta del puente por la noche o en condiciones climáticas adversas; la señalización propia de las vías destinadas al tránsito de vehículos o trenes; o los drenajes, muy importantes porque evitan el estancamiento del agua sobre la superficie del puente, entre muchos otros elementos.

En el viaducto de Millau, sobre el tablero y en la zona destinada al tráfico de vehículos se hallan buena parte de los elementos relacionados con la seguridad de la vía: pantallas de protección, ligeramente curvas y con una altura cercana a los 3 m, a ambos lados de la superficie del tablero de 32 m; dos arcenes laterales de 3 m, con dos bandas internas de hasta 1 m de lado cada una; y otros elementos como el alumbrado, las barandas de seguridad, numerosos sistemas de control, las estaciones de llamadas de emergencia…

UN SINFÍN DE INSTRUMENTOS
PARA UN CONTROL EXHAUSTIVO

Anemómetros, acelerómetros, inclinómetros o captadores de temperatura son algunos de los dispositivos ubicados en las partes neurálgicas del viaducto de Millau para captar el más mínimo movimiento o alteración, medir su desgaste o, simplemente, asegurar el correcto funcionamiento de la estructura. Los cientos de datos recopilados a diario se transmiten por red al punto de control localizado en el edificio adyacente al puesto de peaje del viaducto. Los acelerómetros, ubicados en zonas estratégicas del tablero, controlan los fenómenos oscilatorios que podrían afectar a la estructura metálica. En el pilar más alto del puente, el P2 –sometido, por lo tanto, a los esfuerzos más intensos–, doce extensómetros de fibra óptica detectan movimientos del orden de milésimas de milímetro. En este mismo pilar, así como en el P7, distintos extensómetros eléctricos distribuidos a diferentes alturas recogen hasta un centenar de datos por segundo para controlar las reacciones del viaducto a condiciones extremas.

Cualquier mínimo movimiento o desplazamiento del tablero está asimismo bajo control, y el estado de los cables y su envejecimiento se analizan minuciosamente.

La construcción del viaducto pretendía salvar la dificultad orográfica del valle del río Tarn y poner fin a los problemas de tráfico que afectaban a Millau, pues parte de la anterior ruta transcurría por las estrechas calles de la población.

MÁS ALLÁ DEL PUENTE

A 4 km del viaducto de Millau se encuentra el puesto de peaje, cuya construcción también fue muy relevante por sus característi-cas únicas. Sobre 48 postes metálicos se asienta el techo, un toldo trenzado de 98 m y unas 2.500 toneladas, hecho de un hormi-gón especial de muy alto rendimiento, el BSI Ceracem®. Su par-ticularidad es que contiene fibras metálicas que le proporcionan una enorme resistencia, que lo convierten en un material muy ade-cuado para la construcción de estructuras. El BSI es un material ineludible en la arquitectura y diseños contemporáneos.

Cerca de la estructura se hallan los espacios reservados para el equipo de explotación comercial, así como el puesto de control técnico del viaducto.

Hay otro elemento que merece ser destacado: una pista de 8,5 km situada debajo del viaducto cerrada a la circulación, que inicialmente se construyó para el paso de la maquinaria y los ele-mentos destinados a abastecer la obra, y que actualmente sirve para poder llevar a cabo operaciones de mantenimiento.

ANTECEDENTES HISTÓRICOS

La construcción del viaducto de Millau, en el curso de la concu-rrida autopista A75, tenía dos objetivos: salvar la dificultad oro-gráfica del valle del río Tarn y poner fin a los problemas de trá-fico que sufría la localidad de Millau. Antes de la construcción del puente, los automovilistas tenían que descender el valle del río Tarn, ancho y profundo, y cruzarlo por la carretera nacional N9, lo que causaba una gran congestión de tráfico en Millau, pues parte del trayecto discurría por las estrechas calles de la población. Los problemas empeoraban en los meses de verano, ya que este

enclave era un lugar de paso obligado para todos los habitantes del norte de Francia que deseaban llegar a la costa mediterránea.

La obra presentaba, por tanto, otra gran ventaja: gracias a los 2.460 m del viaducto, la ruta que conectaba París con el Mediterráneo se reduciría en más de 100 km, con el consiguiente ahorro de tiempo para los conductores de la A75, la gran arteria creada en los años ochenta.

Pero ¿cuándo y cómo surgió la idea inicial? Remontémonos a 1987, año en que, ante el reto de salvar el profundo y ancho valle del río Tarn y evitar el paso de los vehículos por la localidad de Millau –lo que, según el entonces alcalde de Millau, Jacques Godfrain, suponía un grave problema para sus habitantes–, empezó a plantearse la construcción de una estructura colosal: una proeza de la ingeniería que albergara parte del recorrido de la A75 y que permitiera pasar entre las dos mesetas de piedra caliza Causse du Larzac y Causse Rouge.

Cuatro años después se tomó la decisión de levantar el puente, pero ¿qué tipo de estructura era la más adecuada? Entre 1993 y 1994 el Ministerio de Equipamiento, Transporte, Vivienda, Turismo y Mar de Francia organizó un concurso en el que concurrieron un total de siete oficinas de arquitectos y ocho de proyectos. Estos participantes elaboraron una serie de proyectos a partir de las diferentes ideas propuestas por la Administración.

Entre 1995 y 1996 se desarrolló la segunda fase del concurso de diseño, con un total de cinco grupos y empresas participantes, asociados a sendas oficinas de arquitectura e ingeniería. Finalmente, en 1996 un jurado constituido por veinte miembros, entre políticos locales, arquitectos, ingenieros de estructuras y directivos de las administraciones competentes eligió el proyecto del consorcio Sogelerg en asociación con el ingeniero francés Michel Virlogeux y el arquitecto británico Norman Foster. Dos años más tarde, en 1998, el Gobierno francés tomó la decisión de levantar un peaje antes de acceder al puente para garantizar su financiación. En el 2000 se celebró un nuevo concurso para la licitación de la concesión y la construcción, y en marzo de 2001 el Grupo Eiffage, un conglomerado francés de empresas constructoras, fue declarado concesionario bajo el nombre de Compagnie Eiffage du Viaduc de Millau. El 16 de octubre del mismo año se iniciaron las obras, financiadas por Eiffage a cambio de la concesión del peaje por 78 años, divididos en 3 de construcción y 75 de explotación (el contrato termina el 31 de diciembre de 2079). Por fin, el 14 de diciembre de 2004, el puente de Millau fue inaugurado por el presidente de la República francesa, Jacques Chirac, con un coste total de más de 400 millones de euros. La titánica obra de ingeniería se puso en servicio al cabo de dos días. Para construirla se habían empleado tan solo tres años, una auténtica proeza, aunque, todo hay que decirlo, la preparación del proyecto llevó catorce años.

DE LA IDEA A SU MATERIALIZACIÓN

Cuando se habla de la concepción del proyecto que daría lugar al viaducto de Millau, dos nombres destacan por encima del resto: los del ingeniero francés Michel Virlogeux y el arquitecto británico Norman Foster. Virlogeux, «el autor conceptual» del viaducto

–como dice él mismo–, empezó los trabajos para esta obra en 1987, mientras que Foster se incorporó en 1993.

Como indicó el ingeniero francés en una entrevista de 2008 para el periódico español *La Opinión A Coruña*, «la idea, de 1990, fue mía, pero sin duda el viaducto no hubiera sido tan bueno sin la colaboración de Foster. Sin él, seguramente el proyecto no hubiera resultado elegido en el concurso convocado por el gobierno francés. Su trabajo fue formidable, y fue muy fructífero trabajar juntos». Sobre esta relación, confesó que «hay grandes arquitectos de moda que hacen proyectos fantásticos pero que no hay quien los haga funcionar, pero con Foster esto no ocurre, porque él entiende de estructuras. Con él, las discusiones iban encaminadas a que el viaducto fuese lo más bello y estructuralmente lógico». Reconoció así que el equipo del arquitecto británico siempre tuvo en cuenta las condiciones técnicas de la construcción.

Virlogeux declaró en una ocasión que «es capaz de ver si la estructura encaja en el paisaje, si responde a las condiciones y limitaciones del lugar, y concebir las proporciones globales», pero que le es imposible «dar forma final al detalle, de modo que exprese el flujo de esfuerzos y realce el concepto estructural», un complemento que encontró en Norman Foster. El fruto de esta colaboración es una estructura de gran belleza. Sobre la génesis de los diseños, Norman Foster afirmó: «Nos atraía la elegancia y la lógica de una estructura que marcharía a través de un paisaje heroico y, de la manera más minimalista, conectaría una meseta con la otra. Guiados por esta idea, compartimos la pasión por la dimensión poética de la ingeniería y su potencial escultórico. Durante el proceso de diseño, nunca hubo ningún conflicto entre la satisfacción de las demandas estructurales y nuestras ideas estéticas; evolucionaron juntas».[1]

73

OTROS PROTAGONISTAS

Se calcula que unas 3.000 personas participaron en la construcción del viaducto, y que en los momentos de más trabajo lo hicieron unas 600 simultáneamente. Y es que en una obra de esta

---

[1] *Cita textual de la página web de Foster and Partners: https://www.fosterandpartners.com.*

Dada la magnitud de la obra, en la construcción del viaducto estuvieron implicados los mejores profesionales, con un total aproximado de 3.000 personas, mientras que en los momentos de más trabajo llegaron a coincidir unas 600 simultáneamente.

envergadura se precisa de los mejores profesionales (ingenieros de distintas áreas, arquitectos, topógrafos, jefes de obra, operadores...) y de la mano de obra más cualificada (oficiales, soldadores...). En cuanto a la empresa encargada de realizar el proyecto, el Grupo Eiffage, destaca por su dilatada experiencia en este campo. Sus orígenes se remontan al siglo XIX, cuando Philippe Fougerolle (1806-1883) fundó la compañía familiar de obras públicas Fougerolle. En 1887 se encargó de la construcción de la torre Eiffel, que concluyó en 1889 y que se convirtió en el monumento más alto del mundo hasta que en 1930 se construyó el edificio Chrysler Building de Nueva York.

El ingeniero francés Michel Virlogeux (La Flèche, Sarthe, 1946) está considerado uno de los mejores especialistas en puentes y viaductos. Su currículum incluye decenas de puentes –el territorio francés está repleto de sus obras– y ha sido consultor en estructuras de todo el planeta. Estudió en el Prytanée National Militaire de La Flèche y se graduó en 1967 en la École Polytechnique y en 1970 en la École Nationale des Ponts et Chaussées (actual École des Ponts ParisTech). En 1974 ingresó en el Service d'Études Technique, des Routes et Autoroutes (actual Service d'Études sur les Transports, les Routes et leurs Aménagements) y no tardó en ser elegido director técnico responsable de la concepción, diseño y construcción de puentes atirantados en Francia.

En 1980 ejerció como jefe de la División de Puentes y en 1987 de la División de Puentes de Acero y Hormigón. Su carrera profesional incluye el diseño de más de cien puentes, como el de la isla de Ré (1988) y el atirantado de Normandía, en suspensión sobre el estuario del Sena (1995), que en 1998 recibió el título de obra más sobresaliente del año en Francia.

En 1995 abandonó la Administración francesa y se estableció como ingeniero consultor independiente. Ha participado activamente en entidades como la Association Française de Génie Civil (AFGC), desde 1974 hasta 1995; la International Federation for Prestressing (FIP), de la que fue presidente en 1996; la Fédération Internationale du Béton (FIB) –la cual nació de la fusión de la FIP y el Comité Euro-international du Béton (CEB)–, que también presidió posteriormente, en 1998 y en 2000.

Virlogeux no solo ha recibido la citada Legión de Honor (2005), sino también el Premio IABSE (1983), el Premio a la Excelencia del Registro de Noticias de Ingeniería (1995) o la Medalla de Oro de la Institución de Ingenieros Civiles (2005), entre otras distinciones.

En 2012 Virlogeux fue elegido miembro internacional de la Real Academia de Ingeniería de Reino Unido.

Además del viaducto de Millau, destaca su participación en la construcción de la «segunda travesía» del Tajo, en Lisboa (Portugal); el puente Yavuz Sultan Selim, tercer puente del Bósforo, en Estambul (Turquía); y, en Francia, el doble viaducto del TGV de Aviñón o el puente Jacques-Chaban-Delmas de Burdeos, inaugurado en 2013.

Norman Foster (Mánchester, 1935) es un prestigioso arquitecto británico que ha sido galardonado con múltiples premios. Licenciado en Arquitectura y Urbanismo en 1961 por la Universidad de Mánchester, posteriormente obtuvo el Máster de Arquitectura en la Universidad de Yale. En 1963 cofundó la agencia Team 4 con Richard Rogers, considerado otro de los grandes arquitectos británicos del siglo xx. Juntos sentarían las bases de la arquitectura «de alta tecnología», una tendencia de la que siguen siendo todavía hoy los principales representantes.

En 1967 fundó en Londres su propia agencia, Foster and Partners, que a lo largo de cinco décadas ha firmado el diseño de innumerables obras en distintos ámbitos (urbanístico, civil y cultural, infraestructuras de transportes, rascacielos…). Entre los premios que ha recibido destacan las medallas de oro del Royal Institute of British Architects en 1983, de la Académie Française d'Architecture en 1991 y del American Institute of Architects en 1994. En 1990 mereció el Pritzker Architecture Prize, considerado el Premio Nobel de Arquitectura, y fue nombrado Caballero británico. En 1997 se le condecoró con la Orden del Mérito y en 1999 la reina Isabel II del Reino Unido le otorgó el título nobiliario vitalicio de Barón Foster de Thames Bank.

Además del viaducto de Millau, entre las numerosas obras de Foster se cuentan, en Londres, el Ayuntamiento (2002), The Great Court en el British Museum (2000) y el puente del Milenio (2001); en Francia, el Carré d'Art de Nimes (1993) y el Museo Regional de la Antigua Roma de Narbona; en Kazajistán, el Palacio de la Paz y la Reconciliación de Astaná (2006); en China, la terminal marítima de Hong Kong (2017), en España, la Torre de Comunicaciones de Collserola (1992) de Barcelona; y, en Suecia, el puente Årsta de Estocolmo (2005). Norman Foster es actualmente el único arquitecto en el mundo que ha ganado en dos ocasiones el Premio Emporis Skyscraper, en reconocimiento al rascacielos más notable del año, por la 30 St. Mary Axe de Londres (2003) y la torre Hearst de Nueva York (2006). Asimismo ha recibido el Premio Príncipe de Asturias de las Artes (2009), el Premio BIA (Bilbao Bizkaia Architecture) (2014) y el Premio Stirling 2018 al Mejor Edificio Nuevo del Reino Unido por la nueva sede de Bloomberg en Londres, entre muchos otros.

La historia del Grupo Eiffage se inició en el siglo xix con la fundación de la compañía Fougerolle por parte de Philippe Fougerolle. Entre 1887 y 1889 se encargó de la construcción de la torre Eiffel que, hasta 1930, destacó como el monumento más alto del mundo.

En 1924 se produjo un acontecimiento decisivo para la futura creación de Eiffage: la fundación de la Sociedad Auxiliar de Empresas Eléctricas y Obras Públicas (SAE). Entre 1928 y 1939, la SAE se dedicó a construir la primera autopista francesa, la A13, seguida de otras obras de gran relevancia, como el puente de Tancarville (1955), a la sazón el puente colgante más largo del continente europeo, o el innovador edificio de la Ópera de Sídney, en Australia (1973). En 1993 se fusionaron Fougerolle y SAE, lo que supuso el nacimiento oficial del Grupo Eiffage. A partir de entonces, este se encargaría de algunas de las obras más impresionantes en el ámbito de la ingeniería civil, como el propio viaducto de Millau.

EL ESTUDIO DEL ENTORNO

El puente de Millau está situado en el sur de Francia, unos 100 km al norte de Montpellier, muy cerca –como su nombre indica– de la ciudad de Millau, en el departamento de Aveyron. Esta localidad está bañada por el río Tarn y es famosa por encontrarse dentro del Parque Natural Regional de las Grands Causses y por ser un enclave de gran interés para los amantes de los deportes al aire libre (se puede practicar piragüismo, rafting, parapente…). El viaducto de Millau cruza el Tarn por encima del valle homónimo, uniendo las mesetas Causse du Larzac y Causse Rouge, ambas de piedra caliza.

Conocer la zona en la que se halla el puente es vital para entender cómo surgió la idea final de construir una estructura con estas características.

Antes de optar por el viaducto para salvar el valle del Tarn se barajaron tres posibilidades y se desestimaron todas.

Cuando en 1987 se iniciaron los estudios para salvar el valle del Tarn, mucho antes de contemplar la construcción del viaducto que formaría parte de la A75, se barajaron hasta tres posibilidades: rodear la localidad de Millau por el este, lo cual implicaba levantar dos puentes, uno sobre el Tarn y el otro sobre el valle del río Dourbie; seguir la Ruta Nacional 9 por las profundidades del valle, con pendientes notables; y, la tercera, construir un puente sobre el valle del Tarn, pero al oeste de Millau, ascendiendo al Plateau du Larzac a través de una depresión, el Cirque d'Issis. Las tres fueron desestimadas: la primera porque la ruta se alejaba demasiado de Millau; la segunda por la dificultad que suponía, principalmente para el tráfico pesado, circular por una vía con acusados desniveles; y la tercera debido a que el Cirque d'Issis se constituyó por el colapso de capas duras de piedra caliza, socavadas por el agua subterránea, por lo que el terreno no era idóneo para la construcción de una importante infraestructura.

80   Finalmente se decidió que la mejor opción era cruzar el valle del Tarn de norte a sur. En este contexto se contemplaron dos posibles emplazamientos: la zona baja del valle, lo que implicaba trazar un trayecto más largo y construir un túnel, o la zona elevada, con una ruta más «directa». La opción «baja» se desestimó porque entrañaba un coste económico, una distancia y un impacto ambiental mayores. Así, la decisión final fue clara: se construiría un puente con varios tramos atirantados.

ANÁLISIS GEOLÓGICO Y CLIMATOLÓGICO, Y ESTUDIO DEL RIESGO SÍSMICO

El terreno sobre el que debía construirse el viaducto era de piedra caliza fracturada, lleno de cavidades, lo que conllevaba el riesgo de corrimientos de tierras. Este hecho determinó el modo en que se realizarían los cimientos de la obra.

Por otra parte, para proyectar una infraestructura de semejante envergadura y a tanta altura, había que tener muy presentes las condiciones climatológicas de la zona. Uno de los aspectos más característicos del valle del Tarn son los fuertes vientos, que pueden superar los 200 km/h, además de los altos niveles de humedad. Las condiciones de la zona fueron estudiadas durante un año y medio, y luego se recrearon en túneles de viento, para analizarlas y estimar los riesgos durante la construcción del viaducto y una vez que estuviera operativo. Se detectaron fuertes turbulencias que daban lugar a subidas repentinas de velocidad, lo que determinó el calendario de la obra en función de las previsiones meteorológicas. Por otro lado, se valoraron los movimientos sísmicos (a pesar de que no son frecuentes en la zona) y las variaciones de la temperatura en las distintas épocas del año.

Para todo ello, se proyectó un tablero rígido, pero con un formato delgado y sencillo, que fuese capaz de resistir las condiciones climáticas y sísmicas más adversas.

LA HUELLA AMBIENTAL

Crear una infraestructura de gran envergadura suele tener un importante impacto ecológico y paisajístico. Uno de los objetivos de los constructores del viaducto fue integrarlo plenamente en el entorno natural. De este modo, para erigir el puente se seleccionaron empresas certificadas conforme a las normas ISO 9001 (sobre la gestión de la calidad) y 14001 (sobre la gestión del medio ambiente). Con el viaducto de Millau no solo se pretendía cruzar el curso del río y salvar los casi 2,5 km de distancia entre ambas mesetas, sino que la intervención en el paisaje resultara mínima.

En cuanto al planteamiento arquitectónico, como indica la página web de Foster and Partners, la topografía del enclave dio pie a dos enfoques estructurales posibles: «Por un lado, celebrar el acto de cruzar el río y, por otro, articular el reto que suponía salvar los 2,46 km que separan ambas mesetas del modo más económico y elegante posible. Si bien el río ha ido cincelando el paisaje a lo largo del tiempo, en este punto es muy angosto, motivo por el cual la segunda interpretación sirvió de base para la solución estructural más pertinente. [...] El puente, una estructura dotada de torres y sustentada por cables, se antoja delicado y transparente, y presenta una separación óptima entre columnas. Cada uno de sus tramos mide 342 m de longitud, y la altura de los soportes oscila entre los 75 y los 245 m, a los que se suman los 87 m de las torres que se elevan por encima de la carretera. A fin de acomodar la expansión y contracción de la

81

El viaducto de Millau empezó a construirse a finales de 2001 y fue terminado en diciembre de 2004. El 14 de diciembre fue la fecha elegida para su inauguración, a cargo del presidente de la República Francesa, Jacques Chirac.

calzada de hormigón, cada columna se divide en dos pilares más delgados y flexibles bajo la carretera, que dan forma a una cabria sobre el nivel de la plataforma del puente. La forma abierta de las columnas expresa sus cargas estructurales al tiempo que reduce al mínimo el perfil en el alzado. Por ello, el puente no solo exhibe una silueta espectacular, sino que también representa una intervención mínima en el paisaje».[2]

Así pues, el viaducto se erigió con una estética inconfundible y unas dimensiones extraordinarias, buscando el equilibro entre su vertiente funcional, la tecnología y la integración en el entorno. Y lo logró con creces.

LA CONSTRUCCIÓN: UNA PROEZA TÉCNICA EN UN TIEMPO RÉCORD

Michel Virlogeux ha declarado en numerosas ocasiones que, cuando presentó a las autoridades los primeros planos del puente, lo tomaron por loco. Pero no lo estaba, como lo demuestra el hecho de que el viaducto se elevara tal como lo había ideado.

La construcción del viaducto de Millau, iniciada en octubre de 2001 y terminada en diciembre de 2004 –la inauguración se celebró el 14 de diciembre, y su apertura al público, dos días después–, se desarrolló en distintas etapas, como se detalla a continuación.

LA CREACIÓN DE LOS CIMIENTOS Y LOS PILARES

Al cabo de unas pocas semanas del inicio de las obras, se empezó a dar forma a los siete pilares que soportarían el tablero del viaducto. Paralelamente, en las mesetas Causse du Larzac y Causse Rouge se emprendió la construcción de los estribos. Ambas

---

[2]*Cita textual de la página web de Foster and Partners: https://www.fosterandpartners.com.*

Para llevar a cabo al proceso de hormigonado de los siete pilares se emplearon un total de siete grúas de torre Potain K/50C. La misión de las grúas era elevar y sostener los tanques de hormigón líquido que posteriormente se vertía en el interior de los moldes.

partes de la estructura estuvieron listas el 9 de diciembre de 2003, unas semanas antes de lo estimado.

En octubre de 2001 habían comenzado las tareas de cimentación. Debajo del lugar donde se establecería cada pilar, se excavaron a modo de cimientos cuatro pozos «marroquíes» de entre 9 y 18 m de profundidad y de entre 4 y 5 m de diámetro. Para determinar con la máxima precisión la posición exacta de cada pilar, se emplearon las señales de ubicación proporcionadas por múltiples satélites. Los pozos se cubrieron con una capa de entre 3 y 5 m de espesor de hormigón. Se sentaban así las bases de los siete gigantes que participarían en el sustento del tablero.

Ya en marzo de 2002, los siete pilares iniciaron su ascenso simultáneamente. Aunque al final tendrían distintas alturas, todos fueron creciendo al mismo tiempo. Para ahorrar tiempo, equipos formados por unas treinta personas trabajaban a la vez sobre cada pilar. Entretanto, en las inmediaciones se construyó una fábrica de hormigón para abastecer la obra.

A medida que los pilares crecían verticalmente (cada tres días aproximadamente se iniciaba un nuevo tramo), los operarios debían llegar a sus cimas mediante elevadores, cuyos carriles subían conforme avanzaba la construcción. La impresionante altura de la obra y las condiciones climáticas hacían que fuese muy peligroso –y prácticamente imposible– emplear cimbras o andamios.

Los pilares crecían a un ritmo cercano a los 8 m por semana, mediante la técnica del encofrado autotrepante (especialmente indicado para la construcción de torres, rascacielos, pilares de puentes, presas…). Primero se fabricaban, con la máxima precisión, moldes temporales en secciones de 4 m y con formas que variaban según cada pilar y su altura. Los pilares contaban también con grandes espacios huecos en su interior, mientras que las formas de estas grandes bases debían ser tan precisas que los moldes se modificaron hasta en 250 ocasiones. Además, para dotar de resistencia a la

estructura, cada molde se había rellenado con mallas de acero refor-
zado: hasta 16.000 toneladas en total para los siete pilares.

El siguiente turno era el del hormigonado. En este proceso, siete
grúas de torre Potain K/50C sostenían los diferentes tanques de
hormigón líquido, que se vertía en el interior de los moldes.

Para asegurar que los pilares se elevaran en su lugar preciso –y
hasta el lugar exacto donde deberían sostener el tablero– se recu-
rrió de nuevo a la localización vía satélite GPS, de gran precisión, y
a la señal de distintos satélites. Todo fue sobre la marcha, hasta que
en noviembre de 2003 se completaron las siete bases del viaducto.
Había concluido la primera gran fase de construcción del proyecto.

LA CONSTRUCCIÓN Y EL «LANZAMIENTO» DEL TABLERO

Si preguntáramos a expertos en megaestructuras cuál fue el
momento más espectacular de la creación del viaducto de Millau,
posiblemente todos responderían lo mismo: la construcción y el
«lanzamiento» del impresionante tablero de 36.000 toneladas. Pare
ello se necesitaron veinte meses de trabajo y un sinfín de operaciones calculadas al milímetro. Y es que, contrariamente a lo que sucede
en muchos otros puentes, el tablero del viaducto de Millau no se
instaló elevándolo con grúas desde el suelo, sino que, partiendo del

Causse du Larzac y el Causse Rouge, dos partes avanzaron milímetro a milímetro sobre el abismo hasta encontrarse en el centro. El
procedimiento fue un éxito rotundo, teniendo en cuenta el radio de
curvatura del viaducto y las diferentes alturas a las que se encuentran los dos extremos del puente. Pero ¿era necesaria tal proeza? Se
descartó la elevación con grúas a causa de los problemas de construcción asociados a la particularidad del proyecto: la altura del viaducto, los diferentes tramos que componían la estructura y las condiciones climáticas del lugar (con vientos que podían sobrepasar
los 200 km/h). Además, este método encarecía mucho las obras.
Entonces, ¿qué se podía hacer? La solución llegaría gracias al ingenio de un hombre. Pero vayamos por partes.

Para crear el tablero con total seguridad y evitar los riesgos
que supone trabajar a gran altura, el 96% de las tareas asociadas
a la construcción de este componente vital de la estructura se
hicieron en tierra firme. Eiffel fue el fabricante experto en acero
encargado de esta hazaña.

88

En primer lugar, en una fábrica de Fos-sur-Mer se crearon, con
elementos prefabricados en Lauterbourg (Alsacia), 173 estructuras
que después fueron trasladadas a Millau en convoyes especiales, en
2.000 trayectos. Las piezas tenían una altura de 4,2 m, una longitud de entre 15 y 22 m, y un peso de hasta 90 toneladas. También se
crearon el resto de elementos que darían forma al tablero: un total
de 2.200 secciones entre la zona central y los paneles triangulares
laterales, cuyas medidas se verificaron con láser para que encaja-
ran al milímetro. En todo el proceso se utilizó la tecnología más
novedosa: una máquina cortadora de plasma a partir de las planti-
llas introducidas en un ordenador y un robot soldador de dos cabe-
zas. Al norte y al sur del futuro viaducto se instalaron dos zonas de
obras. En las plantas de montaje se realizaron los trabajos de soldadura y de montaje de las enormes vigas huecas de 30 m de largo y
sus paneles adjuntos, para dar forma al tablero de acero. En la zona
norte se ensamblaron 717 m, y en la sur, 1.743 m. Así, el tablero
metálico se construyó a partir de cajones centrales a los cuales se
soldaron las secciones laterales.

Una vez terminado este proceso, llegó el gran momento. Era el
turno del desplazamiento del tablero. El lanzamiento hacia el abismo

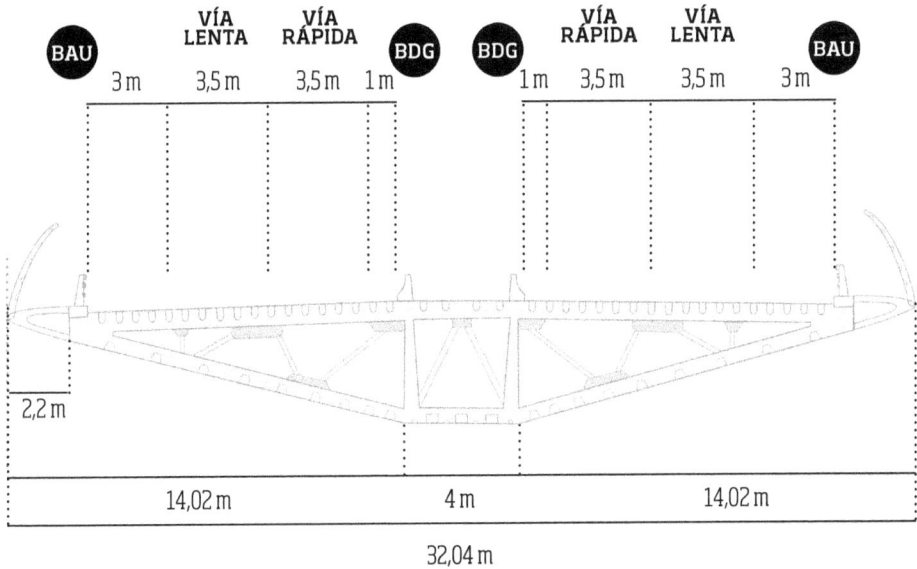

BAU	VÍA LENTA	VÍA RÁPIDA		BDG	BDG		VÍA RÁPIDA	VÍA LENTA	BAU
	3 m	3,5 m	3,5 m	1 m	1 m	3,5 m	3,5 m	3 m	

2,2 m

14,02 m	4 m	14,02 m

32,04 m

de las dos partes de acero, cuyo peso total era de 36.000 toneladas. Para ello, en el extremo delantero de cada una de ellas se emplazó una torre cableada. Los cables sostendrían el tramo más expuesto del tablero sobre el valle. El objetivo era claro: que las dos secciones se encontraran. Para hacer avanzar ambas partes de la estructura desde las respectivas orillas, se desestimaron los métodos más convencionales, porque podrían haber hecho caer, uno a uno, los pilares, y se optó por desplazarlas poco a poco, como si el tablero se deslizara por una cinta transportadora.

La idea de este mecanismo automatizado, que al principio suscitó muchas dudas, fue de un hombre que desde entonces es conocido como el «experto en lanzar tableros». El ingeniero

LA FUERZA DE LA PRESIÓN HIDRÁULICA

El sistema para mover el tablero tenía como eje central unos receptáculos llenos de aceite sometidos a una gran presión (4.535 kg de fuerza). Un motor proporcionaba energía mecánica e impulsaba un juego de pistones a cientos de ciclos por minuto. Esto incrementaba la presión en un gran cilindro y daba lugar a la energía necesaria para desplazar el tablero. La ligereza del acero contribuyó a lograr esta proeza.

A partir de febrero de 2003, las dos partes del impresionante tablero de 36.000 toneladas del viaducto fueron avanzando sobre el vacío. En total se realizaron 18 operaciones de lanzamiento a razón de 171 m cada una de ellas. En la imagen, vista de la parte norte de la construcción, con el pilar 1 en primer plano.

francés Marc Buonomo, director de Eiffel. Pero lo más curioso es cómo surgió la iniciativa: Buonomo aplicó al ámbito del acero su experiencia en una fábrica de ropa; en efecto, su fuente de inspiración fue... ¡una máquina de coser! Trasladó el sistema que esta utiliza para desplazar la ropa a distintas bombas hidráulicas y un total de 64 robots o brazos capaces de levantar grandes pesos. Todo ello para ayudar a desplazar, poco a poco, cada parte del tablero. Todos estos elementos fueron instalados sobre los siete pilares, pero también sobre los pilares temporales. Esta especie de torres gigantes o patas de acero (la más alta alcanzaba los 170 m y constituyó un récord de altura para este tipo de torre) servían de apoyos intermedios entre los pilares principales y reducían los vanos a 171 m.

Desde el inicio del lanzamiento, el conjunto trabajó con la precisión de un reloj suizo para elevar y deslizar las 36.000 toneladas de acero. En cada uno de estos pilares, cuatro robots o brazos soportaban el peso de su zona respectiva del tablero. Gracias a la presión hidráulica, un elemento de acero en forma de cuña de 5 m de largo avanzaba sobre otro bloque de las mismas características, lo que permitía alzar y mover cada estructura. Luego, la cuña inferior avanzaba para poder dejar el peso sobre sus soportes y se reiniciaba el proceso. Con este sistema, el puente se iba desplazando 60 cm cada cuatro minutos. Cada bomba suministraba a cada uno de estos cuatro brazos una presión de 700 kg/cm^2, aproximadamente, unas 600 toneladas de potencia capaz de elevar el tablero. Los elementos principales que accionaban este mecanismo estaban conectados mediante computadoras para garantizar una acción sincronizada. Un ordenador en el centro de control coordinaba todos los movimientos del lanzamiento, sincronizando la acción de los 64 brazos. Poco a poco, el tablero avanzó sobre el vacío, a razón de 171 m para cada una de las 18 operaciones de lanzamiento que fueron necesarias (la primera sección se lanzó en

febrero de 2003), a un ritmo de una operación de este tipo cada cuatro semanas. Para cada una de ellas, todo debía estar perfectamente preparado y controlado: además del ordenador, se ubicó debajo del puente una estación para detectar cualquier cambio en la verticalidad y estado de los pilares, y se instalaron sobre ellos sensores de seguridad para medir la presión ejercida por el desplazamiento del tablero. Se controló por láser la alineación de los pilares durante el proceso y también se tuvo en cuenta la climatología, por ejemplo, con un límite de seguridad para el viento (para cada lanzamiento se debía tener la seguridad de que durante tres días no soplaría a más de 85 km/h). Nada podía fallar. Cada lanzamiento implicó 48 horas de trabajo continuo e hizo desplazar el tablero a una velocidad de 9 m por hora.

A finales de mayo, la expectación era máxima, pues se acercaba el momento de la última operación. La parte norte del tablero ya había recorrido sus 717 m. Después de 1,5 km, le tocaba a la parte

sur terminar su trayecto, el que culminaría la unión. Un GPS ubicado en el extremo delantero del tablero permitía medir el hueco restante y conocer si la posición de avance era la correcta. Pese a la línea de curvatura diseñada para el viaducto y a las diferentes alturas desde las cuales las partes norte y sur del tablero habían empezado a desplazarse, finalmente, el 28 de mayo de 2004, a las 14.12 horas, se produjo su conexión y alineación, a 270 m sobre el río Tarn. El último espacio entre ambas partes del tablero se cerró con el mismo sistema aplicado durante todo el lanzamiento, pero ayudado esta vez por cables y poleas unidos a ambas partes para asegurar la alineación simétrica. Cuando las dos partes se encontraron, se hizo añicos una botella Magnum de *champagne* colocada entre ambas a modo de celebración. Esta unión, de una precisión inaudita y que culminaba quince meses de trabajo, fue vivida con una gran emoción y se festejó por todo lo alto, tanto por parte del equipo técnico como por los turistas presentes en los alrededores del puente. Los medios de comunicación retransmitieron la hazaña en directo.

Pero la obra seguía su curso, sin descanso, en el interior del tablero: durante las siguientes treinta horas, los soldadores ensamblaran todo el conjunto.

LA INSTALACIÓN DE LAS TORRES

Tras la conexión de las dos partes del tablero, en apenas tres meses se colocaron todas las torres (el proceso se inició tan solo 24 horas después del exitoso encuentro a gran altura). Ya mientras se realizaban las operaciones de lanzamiento se colocaron dos de ellas parcialmente cableadas, una al extremo de cada parte del tablero, para facilitar que este mantuviera su estructura intacta sin doblarse en su avance entre los pilares. Las otras cinco, cada una de las cuales pesaba 700 toneladas y medía 87 m, fueron transportadas horizontalmente sobre el tablero gracias a cuatro remolques automotrices.

Para elevar cada torre se necesitaron dos grandes grúas de acero que se aseguraron al tablero con cables y se equiparon con un sistema hidráulico. Cada una de ellas se emplazó a un lado de la torre recostada, a la altura de su parte central. Trabajando a la vez, estas dos grúas con grandes brazos de acero a modo de pinzas ayudaron a enderezarla verticalmente aprovechando el propio peso de la torre (a medida que giraba se iba colocando en esta posición, para después situarse sobre su base). La idea, parecida a la empleada en el Antiguo Egipto para levantar obeliscos o pilones verticales, se puso en práctica con éxito. De este modo, todas las torres quedaron ubicadas exactamente sobre los siete pilares de hormigón. El paso siguiente consistió en realizar los trabajos de soldadura para fijarlas al tablero.

EL ARRIOSTRADO

En el viaducto de Millau, el arriostrado –referente, en este caso, al conjunto de tirantes que refuerzan la estructura– de un solo juego de cables es una de sus principales características. Hasta 154 tirantes de sujeción se fijaron a las torres (once pares por cada una de ellas) y a las secciones adyacentes del tablero para enderezar y sostener sus 36.000 toneladas, asegurando así la rigidez de la construcción y su resistencia ante las cargas previstas de tráfico.

Para lograrlo, primero se pasaba un primer cable por la funda de protección exterior y esta se subía a la torre, hasta su emplazamiento definitivo. El cable se fijaba a sus anclajes superiores e inferiores, mientras que una especie de «lanzadera» permitía llevar

MONOTORÓN
FREYSSINET

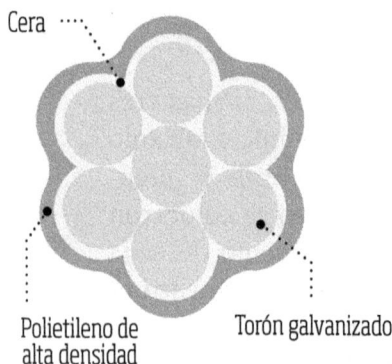

Cera

Polietileno de
alta densidad

Torón galvanizado

HAZ DE TORONES

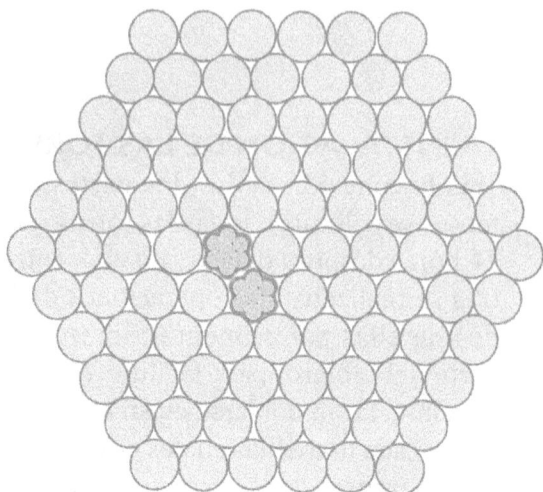

LAS TÉCNICAS MÁS AVANZADAS

Para la creación de esta extraordinaria estructura se contó con la tecnología y las técnicas más avanzadas utilizadas en la construcción de obras públicas: GPS, láser, encofrados autotrepantes, hormigón de alta resistencia, una mezcla de asfalto específica, materiales innovadores…

uno a uno los demás cables, que entonces se fijaban y activaban, con una tensión de entre 900 y 1.200 toneladas (para los más largos). El más extenso medía 180 m y pesaba 25 toneladas. En total, cerca de 1.500 toneladas de cables aseguraron la tensión precisa.

EQUIPAMIENTOS Y ACABADOS PARA UNA CONSTRUCCIÓN PERFECTA

En diciembre de 2004 se inauguraba el viaducto apenas tres meses después de que se colocara el revestimiento o asfalto para la calzada, entre el 21 y el 24 de septiembre. Para la capa de rodadura, de 6,7 cm de espesor, con la que se cubrió el acero del tablero se utilizaron 10.000 toneladas de hormigón bituminoso.

Atendiendo a las posibilidades de dilatación del tablero, los equipos de investigación del Grupo Eiffage dedicaron dos años para crear el revestimiento. Este debía tener una alta resistencia y a la vez flexibilidad para adaptarse a las posibles deformaciones

En las imágenes de la página izquierda, corte de un monotorón de tipo Freyssinet (a la izquierda) y de un cable formado por un haz de 91 monotorones, el mayor del viaducto de Millau (a la derecha).

del acero a causa de la intensidad del tráfico, así como para asegurar una circulación óptima y una conducción segura (una buena adherencia, textura, compactibilidad...). Antes de colocar la mezcla asfáltica, con el objeto de eliminar la herrumbre del tablero, se proyectaron a alta presión bolas de acero de un milímetro de diámetro. Luego se aplicó una primera capa de imprimación y, a continuación, para cubrir completamente el acero, se añadió una lámina bituminosa termosoldada a 400 °C.

Esta capa lisa, de 6,7 cm de espesor, aseguraba una alta protección frente a la corrosión. Para crear toda la zona destinada al paso de vehículos, se instalaron en la parte norte del viaducto dos plantas de producción de asfalto, que producían 380 toneladas por hora. Veinticinco vehículos trasladaron hasta 10.000 toneladas de hormigón asfáltico a las máquinas responsables de extender dicha mezcla. Además, el viaducto se equipó con los mejores sistemas de alumbrado y de seguridad. Las instalaciones eléctricas constaron de 30 km de cables de alta tensión, 10 km de cables de baja tensión y 20 km de fibra óptica, y se colocaron instrumentos y sensores destinados a realizar un control exhaustivo del estado del viaducto. Ubicados en las pilas, el tablero, los pilares y los cables, entre otros lugares, estos instrumentos (anemómetros, acelerómetros, inclinómetros, sensores de temperatura...) sirven para detectar cualquier movimiento del puente (del orden de una milésima de milímetro) y para medir su resistencia al desgaste.

95

ABASTECER EL VIADUCTO

Para garantizar el abastecimiento de los materiales necesarios para la construcción del viaducto, se habilitó una pista de obra de 8,5 km (que hoy en día se emplea para tareas de mantenimiento) y dos puentes: uno sobre el Tarn y el otro sobre la RD 992, entre Creissels y Saint-Georges-de-Luzençon.

El techo de hormigón de la barrera de peaje, que por su forma el ala de un avión, tiene 100 m de longitud, pesa 2.500 toneladas y está compuesto por 53 elementos.

A modo de ejemplo, se instalaron 12 extensómetros con fibra óptica en el pilar P2, ya que, al ser el más alto, está sometido a esfuerzos más intensos. Para asegurar un óptimo funcionamiento de la estructura, todas las informaciones recogidas se transmiten por red a un ordenador que se encuentra en un edificio cercano a la barrera de peaje.

LA BARRERA DE PEAJE

La construcción de la estación de peaje, 4 km al norte del viaducto y con hasta 18 carriles configurables, fue otro gran proyecto arquitectónico que se desarrolló junto a las obras del puente. Pero no se trata de una barrera corriente: con un diseño único, implicó la aplicación de nuevos materiales y técnicas.

La parte más destacada es su techo de hormigón, cuya forma recuerda al ala de un avión. Con sus 100 m de longitud y 2.500 toneladas de peso, sorprendía asimismo por la delgadez de la estructura. Está compuesto por 53 elementos de 70 toneladas y en su construcción participó una grúa controlada por ordenador, encargada de acoplar las piezas –como si de un puzle horizontal se tratara–, que después unían los operarios mediante tuercas apretadas con llaves neumáticas, a las que debía aplicarse exactamente la misma torsión.

LOS RÉCORDS

El 17 de marzo de 2005 el viaducto de Millau fue reconocido por la Organización Récord Guinness como el más alto del mundo (343 m): «El viaducto de Millau, con sus 2.460 m (8.070 pies) de longitud a través del valle de Tarn, en Francia, se sustenta mediante siete pilares de hormigón, el más alto de los cuales mide 245 m (804 pies) desde el suelo hasta la base del tablero. Los pilares también sustentan siete torres de 87 m de altura (285 pies), por lo que la altura máxima total desde el punto más profundo del valle hasta la parte superior de una de las torres hasta es de 343 m (1.125 pies). Fue diseñado por Foster and Partners (Reino Unido) y se abrió al público en diciembre de 2004. El puente se construyó para eliminar un cuello de botella de tráfico en la ciudad de Millau, y así completar la autopista que conecta París con la región mediterránea. La altura máxima total es la suma de la altura del pilar más alto (P2), su torre, el tablero y la profundidad del valle entre los pilares P2 y P3».[3]

97

Y es que los puentes más altos del mundo se clasifican según su altura estructural: la distancia vertical máxima desde el punto más alto hasta el punto más bajo visible del puente. En el momento en que el viaducto batió el récord, aventajaba en más de 23 m a su competidor más cercano, el puente atirantado de la isla Russki, en Vladivostok (Rusia), que cruza el estrecho del Bósforo Oriental y cuya altura estructural es de 320,9 m.

El viaducto de Millau ha batido otros récords mundiales. Es el puente más elevado de Europa, con 270 m, si atendemos a la altura del tablero (la distancia vertical de caída desde este hasta la superficie del suelo o del agua bajo la luz del puente). Precisamente esta parte de la estructura logró más récords. Es el tablero atirantado más largo, con 2,46 km; alberga la autopista más elevada de Europa que transcurre por un puente, y, por si fuera poco, en su construcción se produjo el alcance más largo durante el lanzamiento del tablero de un puente, con un total de 171 m. Por otro lado, el pilar P2 de Millau batió el récord de altura con sus casi 245 m.

[3]Cita textual de la página web de Foster and Partners: https://www.fosterandpartners.com.

PREMIOS Y RECONOCIMIENTOS

Desde su inauguración, el acueducto ha recibido numerosos reconocimientos internacionales. Algunos de ellos son:

- Chicago Athenaeum International Architecture Award
- IABSE (International Association for Bridge and Structural Engineering) Outstanding Structure Award
- Balthasar Neumann Prize
- ECCS European Award for Steel Structures
- D&AD Gold Award
- Singapore Construction Excellence Award - Categoría civil
- Staalbouwwedstrijd / Concours Construction Acier - Ganador en la categoría internacional
- The Building Exchange (BEX) Award - 2.° puesto en el Best Use of Architectural or Structural Design in a Regeneration Scheme
- RIBA Award
- Travel + Leisure Design Award for Best Infrastructure
- Environmental Design and Architecture Award
- Wallpaper Design Awards - Mejor edificio público nuevo

PROBLEMAS, ADVERSIDADES Y CONTRATIEMPOS

Durante la construcción hubo un corrimiento de tierras a consecuencia de una tormenta, y 4.000 m³ de rocas cayeron sobre el pilar P1. Aunque no lo dañaron, hubo que reforzar la zona y estabilizar la pendiente.

La presión para el equipo coordinador y ejecutor del viaducto aumentó los últimos días del lanzamiento del tablero. El motivo es que uno de los proyectos en cuya construcción había participado Eiffel, una nueva terminal del aeropuerto Charles de Gaulle, sufrió un derrumbe, con lo que más que nunca todos los ojos estaban puestos en la operación que debía conectar las dos partes del tablero de Millau. Uno de los días más complicados en la construcción del viaducto fue el 22 de agosto de 2003, en pleno lanzamiento del tablero: a un fallo en las bombas hidráulicas debido al deterioro del teflón no adherible entre las dos cuñas deslizables, se sumó la previsión de tormentas.

A sesenta minutos de la hora establecida para emprender la última fase del lanzamiento del tablero, se detectaron problemas de calibración en el pilar P3 de la estructura y en la comunicación entre los brazos ubicados en esta y el ordenador central. Horas después, uno de los brazos se atascó, poniendo en riesgo la operación.

COSTES, INVERSIÓN Y RENTABILIDAD

La construcción del viaducto de Millau costó más de 400 millones de euros, entre el propio viaducto (394 millones) y la barrera de peaje (unos 20 millones), situada 4 km al norte del puente. En 2001 la Compagnie Eiffage du Viaduc de Millau (CEVM) ganó la concesión de la estructura y financió las obras de construcción a cambio de la recaudación de dicho peaje hasta el término del contrato, el 31 de diciembre de 2079. Se estima que a diario pasan por el viaducto entre 10.000 y 25.000 vehículos, pero el tráfico varía según la época del año: desde apenas 5.000 vehículos en algunos días de enero hasta unos 65.000 en pleno verano. En la barrera de peaje, para realizar con facilidad la tarea y gestión del cobro, existen hasta 18 carriles configurables, en función del volumen del tráfico.

Desde la estación de control adjunta se llevan a cabo todas las operaciones de supervisión y coordinación relacionadas con la seguridad del viaducto y con su mantenimiento físico y técnico, para asegurar que la estructura se halle siempre en perfectas condiciones. Y es que, aunque el viaducto de Millau cuenta con una esperanza de vida de 120 años y fue concebido para resistir las condiciones sísmicas y meteorológicas más extremas, requiere, como cualquier megaestructura, de servicios de mantenimiento.

Por ejemplo, desde la estación de control se garantiza el funcionamiento continuo de todos los equipos y dispositivos técnicos, electrónicos, electromecánicos, informáticos y mecánicos de la concesión, supervisado mediante el software CMMS (en este aspecto, cabe destacar que al término de la garantía de diez años no se había registrado ningún incidente). También se reciben a diario –debido a las condiciones climáticas del emplazamiento– los pronósticos meteorológicos de Météo France, y del 1 de noviembre al 31 de marzo se lleva a cabo un plan especial de mantenimiento de las vías.

UNA VÍA PARA CONOCER EL ENTORNO

Las características del viaducto de Millau lo han convertido en un punto de interés para los turistas, que además de descubrir el puente aprovechan para conocer sus alrededores. Así, la infraestructura ha contribuido a mejorar el descubrimiento del entorno y a aportar riqueza a la región. Al facilitar las comunicaciones, también ha permitido un mayor desarrollo de las actividades comerciales, industriales y turísticas en el departamento de Aveyron.

El puente es una de las puertas al Parque Natural Regional de las Grands Causses (en el 2011, la UNESCO inscribió Les Causses et les Cévennes en la lista de patrimonio mundial). Da acceso a Millau, a los parajes del Larzac templario, a la abadía cisterciense de Sylvanès y a su Festival de Música Sacra, a las gargantas del Tarn y a su parque natural, a la región Mediodía-Pirineos y a sus importantes emplazamientos relacionados con la cultura, la historia y el patrimonio, el entorno natural y sus paisajes... Además, la zona es un paraíso para los amantes de las actividades en plena naturaleza, pues ofrece vuelos en parapente, paseos en canoa, rutas de senderismo, escalada...

EL DÍA A DÍA DE MILLAU

Hoy en día cruzan el viaducto unos 10.000-25.000 vehículos a diario. Se trata de la forma más directa y económica de realizar muchos de los viajes entre el norte y el sur de Europa. Al formar parte de la autopista francesa A75, que une Clermont-Ferrand con Béziers y Narbona, el puente está sujeto a las normativas de esta vía. En el caso de los servicios que ofrece la autopista y el trayecto a través del viaducto de Millau, «el camino más corto entre París y el Mediterráneo», como se anuncia en su página web, destaca el ahorro considerable de tiempo y dinero en comparación con la ruta del valle del Ródano (74 km menos de recorrido que si se pasa por Lyon siguiendo el trayecto París-Perpiñán), además de la fluidez, confortabilidad y seguridad de la vía.

La autopista A75 es gratuita en toda su longitud, a excepción del paso por el viaducto de Millau. Las tarifas del peaje dependen de la clase de vehículo (1, 2, 3, 4 y 5), sujetas además a

104

reducciones según distintas particularidades. Hay un servicio de telepeaje mediante el Viaduc-t, que permite que ciertos vehículos puedan beneficiarse de descuentos. Los importes del peaje se actualizan cada año el 1 de febrero, conforme al contrato de concesión firmado con el Estado (las cifras se calculan mediante una fórmula de revisión prevista en dicho contrato que tiene en cuenta el índice de precios al consumidor, excluyendo el tabaco, del mes de octubre anterior). Cada año, las nuevas tarifas de peaje son propuestas por el concesionario y deben ser validadas por el Ministerio de Ecología, Desarrollo Sostenible y Energía, así como por la Dirección General de Competencia, Consumo y Represión de los Fraudes.

En cuanto a las áreas de descanso y de servicios, las más próximas al viaducto son, al norte, Aire de la Garrigue y Aire de l'Aveyron, y, al sur, Aire du Larzac y Relais du Caylar.

Creado por la Compagnie Eiffage du Viaduc de Millau, el espacio
Viaduc Expo dispone de todo tipo de paneles, fotografías, maquetas
y vídeos sobre la construcción y el funcionamiento del viaducto.

CÓMO DESCUBRIRLO

Si viajamos por la autopista A75 y debemos cruzar el viaducto de
Millau, hay que aprovechar la ocasión para deleitarse con las vistas que ofrece el paso por el puente. Sin embargo, el propio viaducto merece ser contemplado en toda su belleza, y esto puede
hacerse desde distintos puntos y ángulos, para descubrir todas
sus perspectivas.

Las entradas a la A75 más próximas al viaducto de Millau son,
al norte, la n.º 45, en dirección a Montpellier, y, al sur, la n.º 46,
en dirección a Clermont-Ferrand. En cuanto a los puntos que ofrecen las mejores vistas del viaducto, son el cabo de Costes-Brunas,
el mirador de Luzençon, el pueblo de Peyre, el puente Lerouge en
Millau, la Terraza del Beffroi (campanario) de Millau y la carretera
del Causse Noir y de Pouncho d'Agast.

Pero, sin duda alguna, uno de los mejores lugares para descubrir esta espectacular obra es el espacio Viaduc Expo, que se
encuentra en el área del propio viaducto de Millau, a los pies de la
estructura. Creado por la Compagnie Eiffage du Viaduc de Millau,
es un lugar de visita obligada si se desea conocer a fondo el proyecto del viaducto: cuenta con paneles, fotografías, maquetas,
vídeos sobre su construcción, funcionamiento y explotación, en
220 m² de recursos museográficos interactivos y dinámicos.

El Viaduc Expo permite visitar el Sendero o Jardín de los
Exploradores y sus maquetas, observar el funcionamiento del
denominado *translateur* (una innovación tecnológica del Grupo
Eiffage) y acceder al impresionante mirador que hay justo debajo
del tablero. Se ofrecen visitas guiadas e incluso se puede entrar en
el pilar P2, el más alto (un máximo de 18 personas).

El Viaduc Expo está abierto todo el año, los siete días de la
semana (excepto el 1 de enero y el 25 de diciembre) entre las 9.30
y las 19.30 h, en función de la época del año.

MUCHO MÁS QUE VIADUCTOS

Innovación sin pausa

Gracias a la aplicación de tecnologías punteras, el diseño y la construcción de nuevos puentes sigue en constante evolución y da lugar a megaconstrucciones únicas en el ámbito de la ingeniería civil.

NUEVAS MEGAESTRUCTURAS

El viaducto de Millau ha ostentado el récord del puente atirantado más alto del mundo durante muchos años. Pero los constantes avances en el campo de la ingeniería y la tecnología permiten la construcción de nuevas estructuras cada vez más sorprendentes. Un buen ejemplo fue la inauguración en 2016 del puente de Beipanjiang, en la República Popular de China, con unas cifras que quitan el hipo. Este increíble viaducto atirantado alcanza una altura de 565 m (como un edificio de 200 pisos) sobre el cañón del río Nizhu, cruza diversas zonas montañosas y une las provincias de Yunnan y Guizhou. La carretera que pasa por el puente conecta las ciudades de Hangzhou y Ruili, y su recorrido se completa en una hora y media, cuando antes el viaje se hacía en unas cinco horas.

Su construcción se inició en 2013 y alrededor de 1.000 trabajadores participaron en su desarrollo hasta el fin de las obras en diciembre de 2016. Esta joya de la ingeniería civil tiene una longitud de 1.341 m y, en términos topográficos, puede considerarse una auténtica proeza porque se edificó en una zona extremadamente montañosa. Con un coste de alrededor de 145 millones de euros, el diseño se llevó a cabo íntegramente por ordenador.

EL GRAN PUENTE DANYANG-KUNSHAN, EL MÁS LARGO DEL MUNDO

Cuando en 2004 se inauguró el viaducto de Millau, se convirtió en el puente atirantado más alto y con el tablero más largo del mundo. Siete años después, en junio de 2011, otro viaducto batió el récord de longitud total con 164,8 km. El Gran Puente Danyang-Kunshan, erigido en la República Popular de China para incluir un tramo de la red ferroviaria de alta velocidad Pekín-Shanghái.

Como megaconstrucción, el puente Danyang-Kunshan es uno de los viaductos más impresionantes del mundo. Con ingeniería avanzada exclusivamente china (se prescindió de la participación de empresas y técnicos occidentales en la proyección y posterior ejecución de las obras), el puente se levantó en tan solo cuatro años (entre 2006 y 2010), una auténtica proeza. Colaboraron en su construcción unos 10.000 trabajadores y tuvo un coste aproximado de 8.500 millones de dólares.

Como parte de la red ferroviaria de alta velocidad de la República Popular de China, los principales objetivos de este proyecto estaban relacionados con la mejora de las comunicaciones en la provincia de Jiangsu, concretamente respecto al tráfico ferroviario. Desde principios del siglo XXI, el gigante asiático ha desarrollado su industria de forma espectacular, con lo que ha sido necesario construir líneas de transporte para poder conectar los principales centros industriales del territorio. En este sentido, el transporte ferroviario ha adquirido especial importancia, así como el transporte público.

UNA LONGITUD SIN PRECEDENTES

Para determinar cuál es el puente más largo del mundo, en el sector de la ingeniería civil se recurre a distintos baremos, como su longitud total sobre tierra o sobre agua. Atendiendo a este criterio, el puente más largo del mundo es el Gran Puente Danyang-Kunshan. Localizado en la zona este de la provincia de Jiangsu, discurre desde la localidad de Shanghái hasta Nanjing, para albergar seis vías férreas de un tramo de la línea de alta velocidad Pekín-Shanghái. China posee la red de alta velocidad más vasta del mundo, con cerca de 25.000 km de vías.

En el caso de la línea Pekín-Shanghái, está constituida por alrededor de 1.300 km, con un total de 24 estaciones, y conecta dos de las zonas económicas más relevantes del país, el borde de Bohai y el delta del río Yangtsé.

El puente Danyang-Kunshan cruza numerosas localidades, como Danyang, Changzhou, Wuxi, Suzhou y Kunshan. Se trata de uno de los puentes más singulares no solo de China, sino del mundo entero, pues su recorrido atraviesa diferentes tipos de terrenos: ríos, lagos, arroyos, llanuras y campos de arrozales. Esta circunstancia constituyó un reto notable, pues cada tramo del viaducto debía planearse según las características físicas del terreno. Por eso se optó por erigir un viaducto versátil y adaptable a partir de la

construcción de numerosos pequeños tramos. Estos confieren a la construcción la suficiente flexibilidad y adaptabilidad para realizar subidas y bajadas, giros... Con un recorrido de 164,8 km (una distancia parecida a la que separa Madrid de Valladolid), que incluye un tramo de 9 km sobre la bahía Jiaozhou, en Suzhou, se trata de un puente de viga conformado por un total de seis carriles de vías férreas. Está soportado por unos 9.500 pilares de hormigón y su diseño tiene en cuenta las posibles adversidades climatológicas y naturales. Así, el Gobierno chino afirma que el viaducto es capaz de soportar terremotos de magnitud 8 en la escala de Richter, tifones... e incluso el impacto de un elemento (como embarcaciones navales) de hasta ¡300.000 toneladas!

El puente de la Bahía de Jiaozhou, en la República Popular de China, es uno de los puentes más largos del mundo, con 26,7 km de longitud, de los cuales 25,9 se hallan sobre el agua. Desde su inauguración en 2011 hasta el año 2018 ostentó el récord Guinness del puente más largo sobre el agua.

LAS MEGACONSTRUCCIONES DE LA INGENIERÍA CIVIL CHINA

La República Popular China se ha convertido desde inicios del siglo XXI en uno de los países con más megaconstrucciones de ingeniería civil, entre las que destacan los puentes. Así, en octubre de 2018 se inauguró el puente más largo sobre una superficie de agua, un viaducto marítimo de 55 km que une las localidades de Hong Kong y Macao pasando por Zhuhai.

Con un tramo de 23 km que constituye una autopista de hasta seis carriles, la estructura está constituida por unas 420.000 toneladas de acero (la cantidad necesaria para levantar sesenta torres Eiffel) y sus constructores le otorgan un periodo de funcionamiento de 120 años. Otro monstruo de la ingeniería civil china es el viaducto entre Changhua y Kaohsiung, que alberga la línea de alta velocidad de Taiwán. Inaugurado en 2007, se trata del segundo puente más largo del mundo, por detrás del de Danyang-Kushan, con 157,39 km de longitud. El tercero más extenso también se halla en el país asiático. Denominado Gran Puente de Tianjin y también de carácter ferroviario –alberga la línea de alta velocidad Pekín-Shanghái–, tiene un recorrido de 113 km y se inauguró en 2011.

China también cuenta con el impresionante puente de Donghai, que conecta las provincias de Shanghái y Zhejiang. Inaugurado en 2005, esta megaestructura mezcla distintas tipologías, pues presenta tramos de viaducto de nivel bajo y un tramo atirantado para permitir el paso de las embarcaciones. Con una longitud de 32,5 km, está destinado al tráfico de los vehículos que circulan por la autopista S2 Hulu.

111

El impresionante puente Vasco de Gama, inaugurado en 1998, se sitúa en el área de la gran Lisboa, donde cruza el estuario del Tajo y comunica Montijo y Sacavém. Con más de 12 km de longitud es uno de los puentes atirantados más largos de Europa.

AUTÉNTICAS JOYAS ARQUITECTÓNICAS QUE ROMPEN MOLDES

En el resto del mundo también existen viaductos que han despertado admiración por su condición de auténticas obras de arte en el campo de la ingeniería. En el continente europeo, en Portugal, se halla el puente Vasco de Gama. Inaugurado en 1998 para unir las localidades de Montijo y Lisboa, posee una longitud de 17,2 km, 10 de los cuales discurren sobre el río Tajo. El puente se divide en distintos tramos. El viaducto central, de 6.351 m, está formado por secciones de tablero prefabricado, colocadas sobre 81 pilares asentados en el fondo del curso fluvial sobre conjuntos de ocho pilotes de 1,7 m de diámetro.

113

El viaducto norte, de 488 m, está constituido por once pilares dobles de hormigón armado, mientras que en el tramo atirantado el tablero es sujetado por cables que conectan con las dos torres principales, de 150 m de altura. Precisamente uno de los ingenieros que lo diseñó fue Michel Virlogeux, que, como hemos visto, fue una de las figuras principales del proyecto del viaducto de Millau. Un dato histórico. El puente recibió el nombre de Vasco de Gama con motivo de la celebración del quinto centenario de la llegada a la India en 1498 de este célebre navegante portugués.

Otro ejemplo se halla en Estambul. En la ciudad turca se inauguró en 1973 el puente del Bósforo, un viaducto destinado al tráfico rodado, con la presencia de hasta seis carriles (el paso está restringido para camiones y peatones). La particularidad de este puente colgante de acero de 1,5 km de longitud es que une las zonas europea y asiática de dicha localidad, cruzando el estrecho del Bósforo. Fue el primero en conectar dos continentes. En el mundo de la ingeniería hay estructuras –como los viaductos– capaces de superar todos los límites.

GLOSARIO

Acelerómetro. Instrumento para medir la vibración o la aceleración del movimiento de una estructura.

Anemómetro. Dispositivo para medir la velocidad de aire en un túnel de viento.

Armadura. Estructura reticular de barras rectas que se conectan entre sí a través de nudos formando triángulos planos o pirámides tridimensionales.

Arriostrado. Elemento cuya función fundamental es resistir los efectos del viento.

Cables de sujeción: denominados también obenques, se trata de los cables principales que están anclados en los extremos del puente y sujetados por las torres. De estos obenques cuelgan los tensores o tirantes. Véase tirante de sujeción.

Carga. Fuerzas externas que actúan sobre una estructura.

Carpeta asfáltica. Parte superior del pavimento flexible que proporciona la superficie de rodamiento. Se elabora con material pétreo seleccionado y con productos asfálticos, cuya composición dependerá del tipo de camino que se vaya a construir.

Cimbra. Estructura auxiliar cuya función es sostener el peso de un arco durante el periodo de construcción.

Cimentación: apoyo del puente encargado de repartir y transmitir al terreno unas presiones que sean compatibles con su resistencia y con su deformabilidad.

Desagüe. Elementos cuya función es posibilitar el escurrimiento de las aguas pluviales.

Drenaje. Sistema de elementos encargado de evacuar correctamente el agua de la lluvia de la calzada del puente.

Encofrado autotrepante. Estructura de soporte de encofrado que se eleva sin precisar grúas, a través de sistemas hidráulicos y mecánicos.

Estribo. Elemento de la subestructura encargado de recoger y transmitir las cargas a la cimentación.

Extensómetro. Instrumento utilizado para medir la deformación de una pieza sometida a tensiones mecánicas.

Geotécnica. Ciencia que estudia las propiedades del suelo y las rocas que se hallan bajo la superficie terrestre para, en el caso de los puentes, determinar el tipo de cimentación que requiere la construcción de la estructura.

Hormigonado. Proceso de colocación de hormigón como parte de la estructura.

Inclinómetro. Dispositivo para medir la inclinación del plano respecto de la horizontal en la superficie terrestre.

Junta de expansión. Elemento responsable de permitir los movimientos y las rotaciones entre dos partes de una estructura.

Larguero. Elemento de carácter estructural que se apoya en las vigas y recibe cargas de la losa. A menudo de acero, se coloca horizontalmente para rigidizar (convertir en rígida) la estructura total donde está apoyado.

Losa. Elemento estructural colocado horizontalmente en la superestructura de un puente.

Luz. Término que se utiliza para determinar el espacio existente entre dos elementos.

Obenque. Cable tensor grueso, esencial en un puente atirantado, entre una torre y el tablero.

Pantalla. Estructura de contención flexible que recibe directamente el empuje del terreno y lo soporta mediante el empotramiento de su pie y eventuales anclajes o apuntalamientos próximos a su cabeza.

Pilar. Elemento estructural vertical responsable de transmitir a las cimentaciones las cargas de las vigas y muros que se apoyan en él.

Pilote. Columna subterránea, frecuentemente colocada en grupos, que se utiliza en cimentaciones de grandes estructuras.

Subestructura. El conjunto de elementos estructurales del puente que se hallan por debajo del nivel del tablero, como pilas y estribos, con sus correspondientes cimentaciones y apoyos. Son los responsables de transmitir al terreno las cargas de la superestructura a través de las cimentaciones.

Superestructura. El conjunto de elementos estructurales del puente, como el tablero, las vigas, las barandas, los sistemas de anclajes antisísmicos...

Tablero. También conocido como cubierta, es la zona del puente por donde circulan los vehículos, trenes, peatones...

Tirante de sujeción. Cable más pequeño que el obenque, colgado de este último y anclado al tablero.

Torre. Estructura vertical que se alza por encima del tablero como elemento de sustentación. En el caso de los puentes atirantados y colgantes, funciona como elemento sujetador de los cables de sujeción.

Trazado. Lugar por donde discurre la estructura del puente.

Vereda. Espacio del tablero destinado al paso de peatones.

Viaducto. Tipo de puente que, generalmente, se caracteriza por presentar una longitud notable y por salvar obstáculos naturales de gran envergadura.

Viga. Elemento estructural lineal dispuesto de forma horizontal o inclinada y apoyada por sus extremos sobre muros o pilares. Es responsable de soportar las cargas que descansan en cualquier punto de su longitud, y puede servir de apoyo a forjados, otras vigas, muros de carga y pilares.

Zapata. Elemento de cimentación cuya función es transmitir las cargas de la estructura al terreno.

BIBLIOGRAFÍA RECOMENDADA

○ AA. VV., **Puentes metálicos 2004: Viaducto de Millau y otras obras**, APTA (Asociación para la Promoción Técnica del Acero), 2004.

○ **Compagnie Eiffage du Viaduc de Millau**
https://www.leviaducdemillau.com/fr

○ Fernández Troyano, Leonardo, **Bridge Engineering: A Global Perspective**, Thomas Telford Publishing, Londres, 2003.

○ Foster, Norman, y Thomas Leslie, **Millau Viaduct**, Prestel, Múnich y Nueva York, 2012.

○ Gottemoeller, Frederick, **Bridgescape: The Art of Designing Bridges**, John Wiley & Sons, Hoboken, Nueva Jersey, 2004.

○ Kawada, Tadaki, **History of the Modern Suspension Bridge**, ASCE, Reston, Virginia, 2010.

○ Mock, Elizabeth, **The Architecture of Bridges**, Museum of Modern Art, Nueva York, 1972.

○ Savet, Jean-Marie, **Les ponts d'hier et d'aujourd'hui**, Mae-Erti, París, 2006.

○ Svensson, Holger, **Cable-Stayed Bridges: 40 Years of Experience Worldwide**, Wilhelm Ernst & Sohn, Berlín, 2012.

○ West, Harry H., y Louis F. Geschwindner, **Fundamentals of Structural Analysis**, John Wiley & Sons, Hoboken, Nueva Jersey, 2009.

TÍTULOS DE LA COLECCIÓN

Inteligencia artificial
Las máquinas capaces de pensar ya están aquí

***

Genoma humano
El editor genético CRISPR y la vacuna contra el Covid-19

***

Coches del futuro
El DeLorean del siglo XXI y los nanomateriales

***

Ciudades inteligentes
Singapur: la primera smart-nation

***

Biomedicina
Implantes, respiradores mecánicos y cyborg reales

***

La Estación Espacial Internacional
Un laboratorio en el espacio exterior

***

Megaestructuras
El viaducto de Millau: un prodigio de la ingeniería

***

Grandes túneles
Los túneles más largos, anchos y peligrosos

***

Tejidos inteligentes
Los diseños de Cutecircuit

***

Robots industriales
El Centro Espacial Kennedy

***